Covid-19

Dados Internacionais de Catalogação na Publicação (CIP)
(Câmara Brasileira do Livro, SP, Brasil)

Boff, Leonardo
 Covid-19 : a Mãe Terra contra-ataca a Humanidade :
advertências da pandemia / Leonardo Boff. – Petrópolis, RJ : Vozes, 2020.

 Bibliografia.
 ISBN 978-65-5713-060-5

 1. Coronavírus (Covid-19) – Pandemia 2. Ecologia humana –
Aspectos religiosos 3. Humanidade 4. Meio ambiente I. Título.

20-40957 CDD-261.8362

Índices para catálogo sistemático
1. Coronavírus : Covid-19 : Ecologia e teologia :
Teologia social 261.8362

Cibele Maria Dias – Bibliotecária – CRB-8/9427

Leonardo Boff

Covid-19
A Mãe Terra contra-ataca a Humanidade
Advertências da pandemia

Petrópolis

© by Animus/Anima Produções Ltda.
Caixa Postal 92.144 – Itaipava
25741-970 Petrópolis, RJ
www.leonardoboff.com

Direitos de publicação em língua portuguesa:
2020, Editora Vozes Ltda.
Rua Frei Luís, 100
25689-900 Petrópolis, RJ
www.vozes.com.br
Brasil

Todos os direitos reservados. Nenhuma parte desta obra poderá ser reproduzida ou transmitida por qualquer forma e/ou quaisquer meios (eletrônico ou mecânico, incluindo fotocópia e gravação) ou arquivada em qualquer sistema ou banco de dados sem permissão escrita da editora.

Diretor editorial
Gilberto Gonçalves Garcia

Editores
Aline dos Santos Carneiro
Edrian Josué Pasini
Marilac Loraine Oleniki
Welder Lancieri Marchini

Conselheiros
Francisco Morás
Ludovico Garmus
Teobaldo Heidemann
Volney J. Berkenbrock

Secretário executivo
João Batista Kreuch

Editoração: Maria da Conceição B. de Sousa
Diagramação: Sheilandre Desenv. Gráfico
Revisão gráfica: Nilton Braz da Rocha / Fernando S.O. da Rocha
Capa: Adriana Miranda

ISBN 978-65-5713-060-5

Editado conforme o novo acordo ortográfico.

Este livro foi composto e impresso pela Editora Vozes Ltda.

Sumário

Introdução, 7

Primeira parte
O coronavírus: uma arma da Terra contra nós, 13

I – O coronavírus: uma arma da Terra viva, 15

II – Como a Mãe Terra se autodefende, 26

III – Como ferimos e maltratamos a Mãe Terra, 31

IV – Um meteoro caiu sobre o capitalismo, 35

V – Voltar à normalidade é se autocondenar, 40

VI – O contraponto à "normalidade": a cooperação e a solidariedade, 48

VII – A Mãe Terra nos cobra que sejamos mais humanos, 52

Segunda parte
O coronavírus nos convida a rezar e a meditar, 57

I – Aos confinados, a Meditação da Luz, 59

II – Sexta-feira Santa: Jesus continua crucificado nos sofredores do coronavírus, 65

III – Páscoa: promessa de ressurreição às vítimas do coronavírus, 70

IV – Pentecostes: vem, Espírito de vida, e salva as vítimas do coronavírus, 78

V – Cuidar do próprio corpo e o dos outros em tempos de coronavírus, 83

VI – Cuidar do espírito: o eterno em nós, 93

Terceira parte
Lições a tirar da pandemia do coronavírus, 107

I – Não podemos prolongar o passado, 109
II – Um mapa para resgatar a vida ameaçada, 113
III – O pós-coronavírus: a importância da região, 119
IV – O pós-coronavírus: nova ética e outras virtudes, 123

Quarta parte
A disputa pelo futuro da Mãe Terra, 131

I – A transição para uma sociedade biocentrada, 133
II – Por onde começar a transição paradigmática, 139

Conclusão – O Brasil, nosso sonho bom: a sua refundação, 149
Referências do autor sobre o tema, 157
Índice, 159

Introdução

Este texto (*Covid-19: A Mãe Terra contra-ataca a Humanidade*) nasceu no contexto da intrusão do coronavírus em todo o mundo. Procura entender o porquê de seu ataque ao planeta inteiro. Mas não basta constar o fato cruel. Questão inarredável é se perguntar: Como está sendo a nossa reação diante dele? Mais do que tudo, no entanto, apresenta-se como um convite a tirarmos as necessárias lições que ele – parte da natureza e da Mãe Terra – quer nos transmitir.

Uma coisa, porém, é certa: sairemos da epidemia diferentes do que quando entramos. Ela nos obriga a pensar e mais do que pensar; ou seja, incorporar hábitos novos e estabelecer relações mais respeitosas e cuidadosas para com a natureza e também mais amigáveis para com a Casa Comum, a Terra.

O livro não se atém apenas a comentar o coronavírus. A propósito dele, procura aprofundar a consciência ecológica, subsidiada especialmente por dois documentos universais: a *Laudato Si' – Sobre o cuidado da Casa Comum* (2015), do Papa Francisco, uma verdadeira carta-magna da ecologia integral. O outro é a *Carta da Terra*, reconhecida pela Unesco em 2003, fruto de uma vasta consulta envolvendo 46 países e mais de 100 mil pessoas.

Ambos os documentos assumem a mesma perspectiva de base. Face à degradação do sistema-vida e do sistema-Terra temos de incorporar novos princípios e valores, fazer uma "radical conversão ecológica" (n. 5) nas palavras do pontífice e "uma aliança global para cuidar da Terra e uns dos outros, ou então arriscar a nossa destruição e a da diversidade da vida", da *Carta da Terra* (Preâmbulo C).

São chamamentos de urgente gravidade. O coronavírus está nos mostrando, em nível planetário, que efetivamente devemos definir um outro rumo para a Humanidade e para a nossa civilização humana. Ao não fazê-lo poderemos percorrer um caminho sem retorno e poderíamos pôr sob grave risco a biosfera e a nossa existência como espécie.

Apoiado nesses dois documentos e em vasta literatura na área da ecologia integral entregamos ao público estas reflexões para despertar mais rapidamente uma consciência ecológica e a nossa responsabilidade pelo futuro comum da Humanidade, da vida e da vitalidade da Terra. Se formos excessivamente irresponsáveis face à nossa missão de guardiões e cuidadores da natureza e da vida poderemos, eventualmente, não estar mais sobre a Terra. Ela poderá não nos querer mais por sermos demasiadamente agressivos. Ela continuará, mas sem nós.

Mas esperamos que o amor à Terra, que é nossa Mãe generosa, e os graves riscos que corremos nos farão dar um salto de consciência para inaugurarmos um novo modo de habitar a Casa Comum, na qual todos os humanos caberão, juntamente com a inteira comunidade de vida. O pior que nos poderia acontecer seria voltarmos ao antes. Em tal regressão retomaríamos as agressões à natureza e a marginalização desumana da maioria dos seres humanos, da concorrência sem solidariedade, da voracidade de acumulação do sistema capitalista que confere centralidade ao mercado e quer o Estado mínimo e a privatização de tudo. Esse tipo de mundo deve acabar. Caso contrário, ele acabará com o mundo.

Finalmente, nos alimentam a fé e a esperança, expressas no Livro da Sabedoria, de que "Deus criou tudo por amor e se mostrou o apaixonado amante da vida" (24,11). Não obstante todas as nossas transgressões ecológicas poderemos contar com um fim bom e bem-aventurado, na condição de fazermos "uma radical conversão ecológica", nas palavras do pontífice.

Neste meu texto sustento a tese, incomum entre os principais intérpretes, de que o coronavírus é um contra-ataque da Terra viva contra nós por causa de séculos ininterruptos de agressão à sua vida.

Assumimos como um dado de ciência o fato de que a Terra é viva, denominada Gaia (a entidade grega responsável pela vida), um complexo ente que se comporta como um sistema vivo, articulando todos os fatores (físicos, químicos, energéticos, informacionais e ecológicos) para se manter viva e continuar a produzir vida sobre ela.

Ela foi proposta por James Lavelock nos anos de 1970, e nos anos de 1920 pelo russo Vladimir Vernasky, que foi o primeiro a aprofundar a significação da *Biosfera* (título de seu livro de 1920) e propor a estudar ecologicamente a Terra como um todo, pois se trataria de um ente vivo e produtor de vida, assim como estudamos os animais, as florestas, os mares.

Essa visão da Terra viva possui a mais alta ancestralidade. Praticamente todos os povos até o advento da ciência moderna (século XVII) a consideravam como a *Magna Mater*; ou, como os andinos, a *Pacha Mama*, ou a *Tonantzin*, a *Nana* dos orientais e outros diferentes nomes. Todos a veneravam e respeitavam como respeitamos e veneramos nossas mães. Os modernos como René Descartes e Francis Bacon viam-na apenas como algo inerte (*res extensa*), sem propósito e entregue ao ser humano, "mestre e dono dela" (*maître et possesseur*) dela, campo para o exercício da liberdade criadora sem qualquer consideração das modificações até danosas que poderiam advir.

Mas como reconhece o Papa Francisco em sua encíclica de ecologia integral: "Nunca maltratamos e ferimos a nossa Casa Comum como nos últimos dois séculos" (53). Na verdade, temos movido contra ela uma verdadeira guerra, atacando-a em todas as frentes (no solo, no subsolo, no ar, no mar), até chegarmos ao coração da matéria e da vida. Fizemo-lo usando de grande violência e desrespeito para com os limites e os ciclos da natureza.

Hoje atingimos os limites suportáveis pela Terra. A agressividade se tornou tão profunda, que ela está perdendo seu equilíbrio. Mostra-o por muitos sinais, sendo o principal deles o aquecimento global e a erosão da biodiversidade.

Por isso, proponho a tese de que o Covid-19 tenha vindo da natureza como expressão de autodefesa da Terra viva nos contra-atacando e nos fazendo como que uma represália. Dois seres vivos, portanto, se enfrentando. Nessa guerra não temos nenhuma chance de ganhá-la, pois a Terra é imensamente mais poderosa do que nós. Nós precisamos dela, mas ela não precisa de nós.

A intenção deste texto é também identificar valores, princípios, hábitos, modos de ser, de produzir, de distribuir e de consumir; numa palavra, um outro paradigma civilizacional que se adeque aos ritmos da Terra e da natureza.

Demos um espaço significativo à dimensão espiritual, que nos permite entrever um sentido mais profundo naquilo que estamos vivendo e sofrendo. A elaboração deste livro coincidiu com as grandes festas cristãs da Sexta-feira Santa, da Páscoa e de Pentecostes, do Espírito Santo.

Não temos muito tempo para operar mudanças substanciais nem temos acumulado suficiente sabedoria. Mas temos que fazê-lo, pois à nossa frente se encontra um abismo, cavado por nós mesmos e que nos pode tragar.

A vida, em todas as grandes dizimações do passado, sempre se manteve e nunca foi totalmente erradicada. Ela é seguramente mais forte do que todas as forças do negativo na história. Confiamos que a última palavra não será um armagedom ecológico, mas a vitória da vida, fortalecida e ainda mais bela.

L.B.

Petrópolis, 28 de junho de 2020.

Primeira parte

O coronavírus: uma arma da Terra contra nós

I
O coronavírus:
uma arma da Terra viva

Várias ameaças pairam sobre o sistema-vida e o sistema-Terra: o holocausto nuclear; a catástrofe ecológica, o aquecimento global e a escassez de água potável; a catástrofe econômico-social sistêmica com a radicalização do neoliberalismo que produz extrema acumulação à custa de uma pobreza espantosa; a catástrofe moral com a falta generalizada de sensibilidade para com as grandes maiorias sofredoras; a catástrofe política com a ascensão mundial da direita e a corrosão das democracias; e ultimamente o ataque furioso da Terra contra a Humanidade pelo Covid-19.

Para ilustrar a situação dramática na qual se encontra a Humanidade basta conhecer o relatório de junho de 2020 do grande banco suíço Credit Suisse: "1% dos mais ricos possui 45% de toda riqueza pessoal global [enfatizo *pessoal*]; os 50% mais pobres ficam com menos de 1%".

A insuspeita ONG Oxfam em seu relatório de junho de 2020 nos informa que 121 milhões de pessoas podem, em razão do Covid-19, estar à beira da fome. Até o final de 2020, 12 mil pessoas poderão morrer, por dia, devido a casos de fome aguda causados pelo Covid-19. Os países mais afetados, segundo essa fonte, são os africanos e os latino-americanos, notadamente o Brasil, principalmente por causa do negacionismo retrógrado do atual Presidente Bolsonaro.

Conhecíamos a Peste Negra que na Eurásia dizimou, segundo estimativas, entre 75 e 200 milhões de pessoas, e na Europa, entre 1346 e 1353 desfalcou a metade de sua população, de 475 para 350 milhões. Ela precisou 200 anos para se recompor. Foi a mais devastadora já conhecida no Ocidente. Notória também foi a Gripe Espanhola. Oriunda possivelmente do Cansas, EUA, entre 1918 e 1920 infectou 500 milhões de pessoas e levou 50 milhões à morte, inclusive o presidente brasileiro eleito Rodrigues Alves, em 1919.

I Um novo paradigma: a defesa contra o coronavírus

Agora pela primeira vez um vírus atacou o planeta inteiro, levando milhares à morte sem, por enquanto, podermos detê-lo. Sua rápida propagação deve-se ao fato de que vivemos numa cultura globalizada com alto deslocamento de pessoas que viajam por todos os continentes e que podem ser portadoras dele.

Os frequentes extremos climáticos que assolam o planeta constituem sinais inequívocos de que a Terra já perdeu o seu equilíbrio e está buscando um novo. E esse novo poderá significar a devastação de importantes porções da biosfera e de parte significativa da espécie humana.

Isso irá ocorrer, apenas não sabemos quando e como, afirmam notáveis biólogos. Se vier a temida NBO (Next Big One), o próximo grande e devastador vírus, poderá, segundo o pesquisador da Universidade de São Paulo, Prof. Eduardo Massad, levar à morte cerca de 2 bilhões de pessoas, diminuindo a expectativa geral de vida de 72 para 58 anos. Outros temem até o fim da espécie humana ou de grande porção dela.

O fato é que já estamos dentro da sexta extinção em massa. Inauguramos, segundo alguns cientistas, uma nova era geológica, a do *antropoceno* em sua expressão mais danosa, a do *necroceno*. A atividade humana (antropoceno) se revela a responsável pela produção em massa da morte de seres vivos (necroceno).

Os diferentes centros científicos que sistematicamente acompanham o estado da Terra atestam que os principais itens que perpetuam a vida (água, solos, ar puro, sementes, fertilidade, climas e outros) estão se deteriorando dia a dia. Quando isso vai parar?

O *Dia da Sobrecarga da Terra* (*The Earth Overshoot Day*) foi atingido no dia 22 de agosto de 2020. Isso significa: até aquela data foram consumidos todos os recursos naturais disponíveis e renováveis. Agora a Terra "entrou no vermelho" e no "cheque especial".

Como frear essa exaustão? Se teimarmos em manter o consumo atual aplicaremos violência contra a Terra, forçando-a nos dar o que já não tem ou não pode mais repor. Sua reação a essa violência se expressa pelos eventos extremos e pelos ataques dos vários tipos de vírus conhecidos: zika, chicungunya, ebola, sars, coronavírus e outros. Devemos incluir o crescimento da violência social, já que Terra e Humanidade constituem uma única entidade relacional.

Ou mudamos nossa relação para com a Terra viva e para com a natureza ou, de acordo com Sigmund Bauman, "engrossaremos o cortejo daqueles que rumam na direção de sua própria sepultura". Dessa vez poderemos conhecer um desastroso destino comum.

2 Não adianta apenas limar os dentes do lobo

Não temos outra alternativa senão *mudar*. Quem acredita no messianismo salvador da ciência é um iludido: a ciência pode muito, mas não tudo: ela detém os ventos, segura as chuvas, limita o aumento dos oceanos? Não basta diminuir a dose e continuar com o mesmo veneno ou apenas limar os dentes do lobo. Ele continuará com sua ferocidade natural.

O pesquisador norte-americano David Quammen, especialista em animais e seus vírus, aquele que identificou o vírus ebola, não é otimista. Não se cansa de advertir que temos de introduzir mudanças drásticas nos nossos hábitos alimentares, especialmente daqueles produtos industrializados que provêm de grandes criações de suínos, aves e gado confinados, pois eles facilmente produzem vírus e, ao consumirmos sua carne, podemos ser infectados.

A química e filósofa da ciências Isabelle Stengers, que colaborou muito com o Prêmio Nobel Ilya Prigogine, sustenta uma tese semelhante à nossa, de que a presença do coronavírus seria "uma intrusão de Terra-Gaia" nas nossas sociedades, uma resposta ao antropoceno, vale dizer: à crescente violência do ser humano contra a natureza.

Seria um aviso para não pretendermos restaurar "a normalidade anterior", que é altamente danosa. Trata-se do capitalismo que, em sua dinâmica de não se autolimitar, avança sobre o que resta da natureza, na busca desenfreada de lucro. Desconsidera o valor intrínseco da Terra e da natureza, desprezando sua capacidade de reagir. Na produção, os danos ecológicos não podem ser simplesmente considerados como "externalidades" que não entram nos cálculos do lucro. Terra e natureza, segundo esse modo de produção, são pura matéria-prima para a acumulação; não há qualquer escrúpulo e consideração aos danos produzidos, seja na natureza, seja na sociedade humana, com a degradação de inteiros ecossistemas e a produção de pobreza e miséria para milhões e milhões de pessoas.

O considerado "normal" não tem nada de normal e não pode ser recuperado, mas transformado, para não estarmos novamente expostos à ira da Terra-Gaia enviando-nos mais vírus letais. Não almejamos o fim do mundo, mas o fim *deste mundo*, por ser danoso e cruel, antes que ele venha acabar com o mundo.

Com outras palavras, devemos ir mais a fundo na questão da intrusão do Covid-19 e assumir urgentemente um outro tipo de relação para com a natureza e a Terra, contrário daquele dominante. Vale dizer, faz-se mister um novo paradigma de produzir, distribuir, consumir e conviver na mesma Casa Comum.

Até agora, no combate ao Covid-19, todas as forças eram focadas na medicina, nas técnicas, nos insumos necessários ao tratamento dos contaminados, além de uma busca quase desesperada de uma vacina eficaz. Tudo isso é indispensável.

Entretanto, não podemos analisar o coronavírus *isoladamente, como algo em si*. Precisamos colocá-lo no seu devido contexto, no qual ele surgiu. Ele veio da natureza, pouco importa se de um morcego ou de outro animal. O fato é que sua origem se encontra na natureza. Sobre ela quase ninguém fala quando se multiplicam as análises dos muitos especialistas nacionais e internacionais.

Nossa natureza sofreu por séculos um ataque acirrado por parte da Humanidade, mas especialmente pelo processo industrialista, pelo capitalismo, não esquecendo que o socialismo real também mantinha comportamento semelhante. Moveu um ataque sistemático à Terra como um todo e em todos os seus ecossistemas naturais. A Terra suportava tudo com paciência. De vez em quando enviava sinais de seu mal-estar, especialmente com bactérias e vírus que afetavam milhares de pessoas. Mas para a maioria deles se encontrava uma vacina, um antibiótico ou um coquetel de remédios para diminuir seus efeitos danosos sem, contudo, exterminá-lo, como é o caso do HIV.

Desta vez tocamos nos limites insuportáveis pela Mãe Terra. Como todo e qualquer ser vivo – ela é Gaia, um superorganismo vivente –, começou a reagir de forma mais violenta. Atacou especialmente o sistema imperante no mundo: o capitalismo de devastação, aquele que representa o general do exército que faz guerra à Terra. O coronavírus é uma represália da Mãe Terra, uma forma de se defender e de nos dar lições duras para mudarmos de relação para com ela, ou então sofrermos ataques ainda mais severos.

A mudança necessária, imposta pela Terra, demanda construir algumas pilastras que equivalem ao fundamento que sustenta o novo paradigma (conjunto de ideias, hábitos, organização social, utopias e visões de mundo). Caso contrário, repetiremos sempre o mesmo e de forma pior. É como se quiséssemos curar as feridas da Terra cobrindo-a de "band-aids".

3 Sete defesas contra o coronavírus

1) *Uma visão espiritual diferente do mundo e sua correspondente ética.* Isso não tem, necessariamente, a ver com a religiosidade, mas com uma nova experiência da realidade, uma determinada sensibilidade e uma visão mais integradora de todos os elementos que compõem nossa vida pessoal e social, fundada em valores não materiais (por isso, espiritualidade), como a inter-relação de todos com todos, a cooperação, a solidariedade, o cuidado de tudo o que vive e existe, o respeito e a veneração face à majestade do universo e ao seu Criador.

A alternativa, então, assim se apresenta: *ou nos relacionamos com a natureza e a Terra como quem se sente dono delas e as entende como um baú cheio de recursos para a nossa exploração e usufruto, querendo submetê-las aos nossos propósitos (este é o paradigma vigente), ou nos relacionamos sentindo-nos parte da natureza e da Terra, adaptando-nos a seus ritmos, não acima, mas ao pé de todas as criaturas, com uma consciência de cuidá-las e protegê-las para que continuem existindo e dando à comunidade de vida, da qual somos membros, tudo aquilo de que precisam para viver e para elas continuarem a coevoluir.*

Este é o paradigma alternativo que implica respeito, corresponsabilidade coletiva e veneração, pois formamos um todo orgânico dentro do qual cada ser possui um valor em si mesmo, independentemente do uso que fazemos dele, mas sempre relacionado com todos os demais.

Essa nova sensibilidade e diferente espiritualidade constituem momentos importantes do novo paradigma. Ele poderá dar origem a um outro tipo de civilização, com um outro modo de habitar a Casa Comum. Sem essa sensibilidade/espiritualidade e sua tradução numa ética ecológica não superaremos o "caos caótico" atual. Enfatizamos firmemente que *tudo dependerá do tipo de relação que estabeleceremos com a Terra e com a natureza: ou de uso e exploração ou de pertença e convivência respeitosa e cuidadora.*

2) Resgatar o coração, o afeto, a empatia e a compaixão. Esta dimensão do *pathos* foi descurada em nome da objetividade da tecnociência. E nela se aninha o amor, a sensibilidade para com os outros, a ética dos valores e a dimensão espiritual (cf. BOFF, L. *Os direitos do coração.* São Paulo: Paulus 2019). Porque não se dá lugar ao afeto e ao coração não se respeita a natureza nem se escutam as mensagens que ela nos está enviando; no caso, pelas enchentes, pelo aquecimento global e, de modo planetário, pelo Covid-19.

A tecnociência operou uma espécie de lobotomia nos seres humanos, que já não sentem os clamores da Terra. Eles a imaginam como uma simples dispensa de recursos infinitos a serviço de um projeto de enriquecimento infinito. Um planeta finito não suporta um projeto infinito. Devemos passar de uma sociedade industrialista e consumista que devasta a natureza para uma sociedade que conserva e cuida de toda a vida e se habitua a um consumo responsável e compartido. Devemos articular coração e razão, economia e ecologia para dar conta da complexidade de nossas sociedades.

Essa perspectiva do coração e do afeto é vivida diuturnamente em Brumadinho (MG), local onde 272 pessoas foram criminosamente vitimadas pelo rompimento da barragem e pela falta de sensibilidade dos administradores da mineradora Vale. Na ação do bispo local, Dom Vicente Ferreira (compositor, cantor e poeta) e de suas exímias colaboradoras (as estudantes universitárias Marina Oliveira e Marcela Rodrigues, da antropóloga Maria Júlia Gomes Andrade), entre outras pessoas, transparece todo o cuidado afetuoso e a empatia cordial para com os parentes das vítimas, embora sofram a oposição de católicos pentecostais que preferem apenas rezar ao invés de apoiar os que perderam seus parentes e cobrar justiça da empresa e do Estado. Acham que isso é fazer política, coisa que Jesus fez a vida inteira e por isso não morreu de velho na cama, mas na cruz, pois optou pelos pobres e pela libertação do jugo moral e religioso de seu povo. Os 272 balões significando os tragados pela lama traziam a seguinte inscrição: "Dói demais o jeito que vocês foram embora". Essas pessoas foram lançadas ao infinito do céu, onde estão em Deus.

3) *Tomar a sério o princípio de cuidado e de precaução.* Ou cuidamos do que restou da natureza, regeneramos o que temos devastado e impedimos novas depredações – como o Movimento dos Sem-Terra que, sob o Covid-19, distribui gratuitamente centenas de toneladas de alimentos aos mais necessitados e expostos à contaminação; além de terem se proposto, no ano de 2020, a plantar 1 milhão de árvores nas áreas assoladas pelo agronegócio –,

incorporando hábitos novos e semelhantes a esses, ou nosso tipo de sociedade terá dias contados.

A precaução exige que não se planejem, façam experimentos nem sejam utilizadas práticas de agronegócio usando agrotóxicos em massa, cujas consequências sobre os solos e a vida humana não possam ser controladas. Ademais, a filosofia antiga e a moderna já viram que o cuidado é da essência humana; mais ainda, a pré-condição necessária para que surja qualquer ser. Também é o norteador antecipado de toda a ação, quer seja benéfica ou maléfica. Se a vida, também a nossa, não for cuidada, adoece e morre. Nesse sentido, a prevenção e o cuidado são decisivos no campo da nanotecnologia e da inteligência artificial autônoma. Esta, com seu algorítmo de bilhões de dados, pode, sem sabermos, tomar decisões e penetrar em arsenais nucleares, ativar ogivas, pondo fim à nossa civilização.

4) *O respeito a todo ser*. Cada ser tem valor intrínseco e seu lugar no conjunto dos seres. Mesmo o menor deles revela algo do mistério do mundo e do Criador. O respeito impõe limites à voracidade de nosso sistema depredador e consumista. Quem melhor formulou uma ética do respeito foi o médico e pensador Albert Schweitzer (†1965) em seu hospital de hanseníase no Togo, África. Ensinava: *ética é a responsabilidade e o respeito ilimitado por tudo o que existe e vive*. Esse respeito pelo outro nos obriga à tolerância, urgente no mundo e entre nós, particularmente sob o governo brasileiro de extrema-direita que nutre desprezo aos negros, indígenas, quilombolas, LGBT e às mulheres, e instaura as *fake news*, a mentira e o ódio como forma de comunicação pela mídia digital.

5) *Atitude de solidariedade e de cooperação.* Esta atitude nunca foi tão necessária sob a devastação do coronavírus. Se tivéssemos seguido a lógica maior da cultura do capital, que é a concorrência e o individualismo, grande parte dos afetados pelo vírus não teriam resistido. A solidariedade é a lei básica do universo e dos processos orgânicos. Todas as energias e todos os seres cooperam uns com os outros para que se mantenha o equilíbrio dinâmico, garanta-se a diversidade e todos possam coevoluir.

O propósito da evolução não é conceder a vitória ao mais adaptável, mas permitir que cada ser, mesmo o mais frágil, possa expressar virtualidades que emergem daquela Energia de Fundo ou da Fonte que faz tudo ser o que é (o Criador), e que, a cada momento, tudo sustenta; da qual tudo saiu e para a qual tudo retorna.

Hoje, devido à degradação geral das relações humanas e naturais devemos, como projeto de vida, ser *conscientemente* solidários e cooperativos. Caso contrário, não salvaremos a vida nem garantiremos um futuro promissor para a Humanidade.

O sistema econômico e o mercado não se fundam na cooperação, mas na competição, a mais desenfreada. Por isso, criam tantas desigualdades, a ponto de 1% da Humanidade possuir o equivalente aos 99% restantes.

6) *É a responsabilidade coletiva.* Ser responsável é dar-se conta das consequências de nossos atos. Hoje construímos o *princípio da autodestruição.* Então o ditame categórico deve ser: *aja de forma tão responsável que as consequências de tuas ações não sejam destrutivas para a vida e teu futuro, não ativando a autodestruição.*

7) *Envidar todos os esforços na consecução de uma biocivilização centrada na vida e na Terra.* Tudo o mais se destina a esse propósito. Temos de reconhecer que, com todos os recursos

técnico-científicos e culturais, não conseguimos construir uma sociedade humana. Ela está se autodestruindo, pois temos usado o poder conquistado não para fortalecer os laços de solidariedade e de amor, mas para nos dar mais meios de dominação sobre a natureza e sobre os outros coiguais humanos, a ponto de pôr em risco o nosso próprio futuro.

A globalização aproximou todos nós, mas beneficiou especialmente os negócios; gerou a interdependência entre todos, mas não a solidariedade e o sentido de um destino comum.

Agora, com a catástrofe sanitária, sentimos urgentemente a necessidade de um centro plural que pense os problemas globais e encontre uma solução global para eles, ultrapassando as singularidades nacionais. Estas são secundárias face a um risco primeiro e fundamental. Nesse sentido, o tempo das nações passou; agora é o tempo da Terra ameaçada que clama ser salva.

A salvação só ocorrerá se construirmos sobre as pilastras acima referidas. Então poderemos viver e conviver, conviver e irradiar, irradiar e desfrutar da alegre celebração da vida.

II

Como a Mãe Terra se autodefende

A pandemia do coronavírus nos revela que o modo como habitamos a Casa Comum, a Terra, é nocivo à sua natureza. A cobrança que ela, através do Covid-19 nos faz, é esta: "mudem a forma como vivem sobre mim, que sou seu lar vivo e ferido. Assim como estão se comportando, vocês não podem continuar. Caso contrário, eu, a Mãe Terra, irei me livrar de vocês porque são excessivamente agressivos e maléficos para com toda a comunidade de vida que, junto com vocês, também criei".

Neste momento, face ao fato de estarmos no meio da primeira guerra global, é importante ouvir esse clamor. É urgente que nos conscientizemos sobre a nossa relação para com ela e sobre a responsabilidade que temos pelo destino comum Terra viva-Humanidade.

Acompanhem-me neste raciocínio: o universo existe há 13,7 bilhões de anos com o *Big Bang*; a Terra, há 4,4 bilhões; a vida, há 3,8 bilhões; o ser humano, há 7-8 milhões; nós, o *homo sapiens/demens* atual, há 100 mil anos. Todos somos formados com os mesmos elementos físico-químicos (cerca de 100) que se forjaram, como numa fornalha, no interior das grandes estrelas vermelhas, por 2-3 bilhões de anos (portanto, há 10-12 bilhões de anos): o universo, a Terra e nós mesmos.

A vida, provavelmente, começou a partir de uma bactéria originária, mãe de todos os viventes. Acompanhou-a um número inimaginável de micro-organismos. Diz-nos Edward O. Wilson, talvez o maior biólogo vivo: em 1 só grama de terra vivem cerca *de 10 bilhões de bactérias, fungos e vírus de até 6 mil* espécies diferentes (WILSON, E.O. *A criação* – Como salvar a vida na Terra. São Paulo: Cia. das Letras, 2008, p. 26). Imaginemos a quantidade incontável desses micro-organismos em toda a Terra, sendo que somente 5% da vida é visível e 95% invisível: o reino das bactérias, fungos e vírus que garantem a vitalidade do Planeta Terra.

I A Terra é um ente vivo que se auto-organiza

Acompanhem-me ainda: em 2002, James Lovelock e sua equipe demonstraram perante uma comunidade científica com centenas de profissionais reunidos em Haia, Holanda, que a Terra não somente possui vida sobre ela; ela mesma é viva – o que hoje é tido como um dado científico. Ela emerge como um ente vivo, não no sentido de um imenso animal, senão de um sistema que regula os elementos físico-químicos e ecológicos. Está fundada na cibernética, na teoria dos sistemas e na poiética dos biólogos chilenos Francisco Varela e Humberto Maturana. Comporta-se de tal forma que, mantendo-se viva, continua a produzir uma miríade de formas de vida. Chamaram-na de Gaia.

Essa foi a conclusão tirada, nos anos de 1920, dos estudos em biologia do grande cientista russo Vladimir Vernadsky, que foi o primeiro a usar cientificamente a categoria *biosfera* (título de seu livro principal de 1920) e o fundador de uma ecologia do planeta vivo, a Terra, como um todo, portador de vida em toda a sua diversidade.

2 Terra e Humanidade: uma única entidade

Outro dado que muda nossa percepção da realidade está na perspectiva dos astronautas; seja da Lua, seja das naves espaciais. Muitos deles testemunharam que não vigora distinção entre Terra e Humanidade (cf. WHITE, J. *The Overview Effect*. Boston, 1987).

Ambos formam uma única e complexa entidade. Conseguiu-se fazer uma foto da Terra, antes da entrada no espaço sideral, fora do sistema solar: aí ela aparece, no dizer do cosmólogo Carl Sagan, apenas como "um pálido ponto azul". E é nele que nós vivemos, nos alegramos, sofremos e moldamos nosso destino.

Nós estamos, portanto, dentro deste pálido ponto azul, como aquela porção da Terra que num momento de alta complexidade começou a sentir, a pensar, a amar e a perceber-se parte de um Todo maior. Portanto, nós, homens e mulheres, somos Terra, que se deriva de *humus* (terra fértil), ou do *Adam* bíblico (terra arável).

3 O ser humano: porção da Terra que sente e pensa

Ocorre que nós, esquecendo que somos uma porção da própria Terra, começamos a saquear suas riquezas no solo, no subsolo, no ar, no mar e em todas as partes. Buscava-se realizar um projeto ousado de acumular o mais possível bens materiais para o desfrute humano; na verdade, para a subporção poderosa e já rica da Humanidade. Em função desse propósito se criou a ciência e a técnica.

Atacando a Terra, atacamos a nós mesmos, que somos Terra pensante. Levou-se tão longe a cobiça desse pequeno grupo de gente, que ela atualmente se sente exaurida a ponto de terem sido tocados seus limites intransponíveis. É o que chamamos tecnicamente de *Sobrecarga da Terra* (*Earth overshoot*). Tiramos mais do que ela pode dar. Agora não consegue repor o que lhe subtraímos.

Ela está enviando sinais de que adoeceu, perdeu seu equilíbrio dinâmico, aquecendo-se de forma crescente, formando tufões e tsunamis, nevascas nunca vistas, estiagens prolongadas e inundações devastadoras.

Mais ainda: liberou micro-organismos como o sars, o ebola, o dengue, a chikungunya e agora o coronavírus. São formas das mais primitivas de vida, quase no nível de nanopartículas, só detectáveis sob potentes microscópios eletrônicos. Estes podem dizimar o ser mais complexo que ela produziu e que é parte de si mesma, o ser humano, homem e mulher, mas que esqueceu sua pertença e vive um comportamento rebelde e agressivo.

O coronavírus está produzindo uma desestabilização geral na sociedade, na economia, na política, na saúde, nos costumes, na escala de valores estabelecidos.

De repente, acordamos, assustados e perplexos: esta porção da Terra que somos nós pode desaparecer. Em outras palavras, a própria Terra se defende contra a parte rebelada e doentia dela mesma. Pode se sentir obrigada a fazer uma amputação como fazemos de uma perna necrosada. Só que desta vez, é toda esta porção tida por inteligente e amante que a Terra não quer mais que lhe pertença e acabe eliminando-a.

E assim poderá ser o fim dessa espécie de vida que, com sua singularidade de autoconsciência e de inteligência, junto a outros milhões de seres vivos ou inertes, também partes da Terra, poderão ser gravemente afetados ou eventualmente desaparecer.

Ela continuará girando ao redor do Sol, empobrecida, até que faça surgir um outro ser que também seja expressão dela, capaz de sensibilidade, de inteligência e de amor. Novamente será percorrido um longo caminho de moldagem da Casa Comum, com outras formas de convivência, esperamos, melhores do que aquela que nós moldamos.

Seremos capazes de captar o sinal que o coronavírus está nos passando ou continuaremos fazendo mais do mesmo, ferindo a Terra e nos autoferindo para acumular irracionalmente bens materiais?

Esse destino não possui qualquer grandeza e, no fundo, não foi para uma tarefa tão mesquinha que o Criador nos colocou como guardiães e cuidadores de sua e nossa criação.

III

Como ferimos e maltratamos a Mãe Terra

Hoje é um dado da consciência coletiva dos que cultivam uma ecologia integral – com tantos cientistas como Brian Swimme e o Papa Francisco em sua Encíclica *Laudato Si' – Sobre o cuidado da Casa Comum* – que tudo está relacionado com tudo. Todos os seres do universo e da Terra – também nós, seres humanos – somos envolvidos por redes intrincadas de relações em todas as direções, de sorte que nada existe fora da relação. Esta é também a tese básica da física quântica de Werner Heisenberg e de Niels Bohr.

Isso o sabiam os povos originários, como vem expresso nas sábias palavras do Cacique Seattle, de 1856:

> De uma coisa sabemos: a Terra não pertence ao homem. É o homem que pertence à Terra. *Todas as coisas estão interligada*s como o sangue que une uma família; *tudo está relacionado entre si.* O que fere a Terra fere também os filhos e filhas da Terra. Não foi o homem que teceu a trama da vida; ele é meramente um fio da mesma. Tudo o que fizer à trama, a si mesmo fará.

Vale dizer, há uma íntima conexão entre a Terra e o ser humano. Se agredimos a Terra também agredimos a nós mesmos, e vice-versa.

Bem o testemunhou Isaac Asimov em 1982, quando, a pedido do *New York Times*, faz um balanço dos 25 anos da era espacial: "O legado é a percepção de que, na perspectiva das naves espaciais, a Terra e a Humanidade formam *uma única entidade*" (*New York Times*, 09/10/1982). Nós somos Terra. Ser humano (homo genérico) vem de *humus*, terra fértil, ou o *Adam* bíblico significa o filho e a filha da Terra fecunda e arável: *adamah*. Depois desta constatação nunca mais sairá de nossa consciência de que o destino da Terra e da Humanidade está indissociavelmente ligado.

Infelizmente ocorre aquilo que o papa em sua encíclica ecológica lamenta: "nunca maltratamos e ferimos nossa Casa Comum como nos últimos dois séculos" (n. 53).

I A produção em massa da morte: o necroceno

Quem ameaça a vida e acelera a sexta extinção em massa, dentro da qual já estamos, é o próprio ser humano. A agressão é tão violenta que anualmente desaparecem milhares de espécies de seres vivos, inaugurando, como afirmam vários cientistas, uma nova era geológica: o *antropoceno* e o *necroceno*: a era da produção em massa da morte.

Como Terra e Humanidade estão interligadas, a produção de morte em massa se produz não só na natureza, mas no interior da própria Humanidade. Milhões morrem de fome, de sede, vítimas da violência bélica ou social em várias partes do mundo. Nos últimos anos fomos atacados por vírus letais, como agora com o coronavírus, que está dizimando milhares de vidas em todo o planeta. E insensíveis, nada fazemos.

2 A vingança de Gaia, a Terra viva?

Não sem razão James Lovelock, o formulador da teoria da Terra como um superorganismo vivo que se autorregula, Gaia, escreveu o livro *A vingança de Gaia* (Rio de Janeiro: Intrínseca, 2006). Estimo que as atuais doenças como dengue, chikungunya, zica vírus, sars, ebola, sarampo, o atual coronavírus e a generalizada degradação nas relações humanas, marcadas pela profunda desigualdade/injustiça social e pela falta de solidariedade mínima, sejam uma represália de Gaia pelas ofensas que ininterruptamente lhe infligimos.

Não diria como James Lovelock ser "a vingança de Gaia", pois ela, como Grande Mãe, não se vinga, mas nos dá severos sinais de que está doente (tufões, derretimento das calotas polares, secas e inundações etc.) e, no limite, pelo fato de não aprendermos a lição, nos faz uma represália como as doenças referidas.

3 Pode-se temer tudo, até a nossa aniquilação

Remeto-me ao livro-testamento de Théodore Monod, talvez o único grande naturalista contemporâneo, em seu livro *Et si l'aventure humaine échoue* (E se a aventura humana vier a falhar) (Paris: Grasset, 2000): "Somos capazes de uma conduta insensata e demente; pode-se a partir de agora temer tudo, tudo mesmo, inclusive a aniquilação da raça humana; seria o justo preço de nossas loucuras e de nossas crueldades" (p. 246).

Isso não significa que os governos do mundo inteiro, resignados, deixem de combater o coronavírus, proteger as populações e buscar urgentemente uma vacina para enfrentá-lo, não obstante suas constantes mutações. Além de um desastre econômico-financeiro pode significar uma tragédia humana, com um incalculável número de vítimas.

Mas a Terra não se contentará com esses pequenos presentes. Ela suplica uma atitude diferente diante dela: de respeito a seus ritmos e limites, de cuidado por sua sustentabilidade e de nos sentirmos mais do que filhos e filhas da Mãe Terra, mas a própria Terra que sente, pensa, ama, venera e cuida.

Assim como cuidamos de nós mesmos devemos cuidar da Terra. Ela não precisa de nós, mas nós precisamos dela. E ela pode nos rejeitar caso não mudarmos nossa relação para com ela, à qual o Papa Francisco chama de "radical conversão ecológica". Se formos rejeitados devido à nossa irresponsabilidade, ela continuará a girar pelo espaço sideral, mas sem nós, porque fomos ecocidas e geocidas.

Como somos seres portadores de inteligência e amantes da vida, podemos mudar o rumo de nosso destino. Os cristãos contam com o Espírito Criador, que "é um apaixonado amante da vida" (Sb 11,24).

IV
Um meteoro caiu
sobre o capitalismo

A atual pandemia do coronavírus representa uma oportunidade única para repensarmos o nosso modo de habitar a Casa Comum, a forma como produzimos, consumimos e nos relacionamos com a natureza. Chegou a hora de questionar os mantras-mestres da ordem do capital: a acumulação ilimitada, a competição, o individualismo, a indiferença face à miséria de milhões, a redução do Estado e a exaltação do lema de Wall Street: "greed is good" (a cobiça é boa). Tudo isso agora é posto em xeque. Esse tipo de atitude não pode mais continuar como vinha acontecendo até o presente, com voracidade e produzindo mortes. Ele tem uma tendência suicida ao matar a vida da Terra e da natureza, que possibilita a sua existência.

O que agora poderá nos salvar não são as empresas privadas, mas o Estado com suas políticas sanitárias gerais, sempre atacadas pelo sistema do "mercado livre", buscando sua privatização. Serão as virtudes do novo paradigma, defendidas por muitos e por mim, do cuidado, da solidariedade social, da corresponsabilidade e da compaixão.

O primeiro a ver a urgência dessa mudança foi o presidente francês, neoliberal e vindo do mundo das finanças, Emmanuel Macron. Ele foi claro:

> Caros compatriotas, precisamos *tirar lições* do momento que atravessamos, questionar o *modelo de desenvolvimento* que nosso mundo escolheu há décadas e que mostra suas falhas à luz do dia, questionar as *fraquezas de nossas democracias*. O que revela esta pandemia é que a saúde gratuita sem condições de renda, de história pessoal ou profissão, e nosso Estado de Bem-estar Social *não são custos ou encargos*, mas bens preciosos, vantagens indispensáveis quando o destino bate à porta. *O que esta pandemia revela é que existem bens e serviços que devem ficar fora das leis do mercado.*

Aqui se mostra a plena consciência de que uma economia só de mercado, que tudo mercantiliza, e sua expressão política, o neoliberalismo, são maléficas para a sociedade e para o futuro da vida. Elas colocam a vida e a água potável, que é um bem vital, natural, comum e insubstituível – portanto, ligado à vida –, no mercado para usufruir lucros. Vida e água não podem ser mercadorias.

1 O desastre perfeito sobre o capitalismo do desastre

Mais contundente ainda foi a jornalista Naomi Klein, uma das mais perspicazes críticas do sistema-mundo e que serviu de título ao meu artigo: "O coronavírus é o perfeito desastre para o capitalismo do desastre". Esta pandemia produziu o colapso do mercado de valores (bolsas), o coração desse sistema especulativo, individualista e antivida, como o chama o Papa Francisco. Esse sistema viola a lei mais universal do cosmos, da natureza e do ser humano: a interdependência de todos com todos; nenhum ser – muito menos nós, humanos – existe como uma ilha desconectada de tudo.

Mais ainda: esse sistema não reconhece que somos parte da natureza e que a Terra não nos pertence para explorá-la a nosso bel-prazer, mas que nós pertencemos à Terra. Na visão dos melhores cosmólogos e dos astronautas que viram a unidade Terra e Humanidade, somos aquela porção da Terra que sente, pensa, ama, cuida e venera. Superexplorando a natureza e a Terra, como está se fazendo no mundo inteiro, estamos nos prejudicando e nos expondo às reações e até aos castigos que ela pode nos impor. Ela é mãe generosa, mas pode se rebelar e nos enviar um vírus devastador.

Uma das consequências desse raio que incidiu sobre a ordem do capital foi desmontar muitos mitos: do crescimento infinito, das utopias da saúde total, visando uma espécie de imortalidade biológica, a loucura do trans-humanismo de um domínio total da natureza e da capacidade ilimitada de modelar nosso próprio destino, e mesmo a capacidade ilimitada da inteligência artificial autônoma de poder controlar cada ser humano. Esta poderá controlar a queda de um galho de árvore para matar um transeunte, o choque violento de um carro tirando a vida de seu condutor ou a queda de um idoso no banheiro, quebrando sua bacia? Esse mantra de que podemos controlar tudo com uma inteligência ensandecida e tresloucada foi por água abaixo. Aqui estamos com nossa fragilidade e expostos aos imprevisíveis da vida.

Por outro lado, a crise viral ressuscitou em nós o impulso utópico de poder gestar, sem arrogância, mas humildemente, uma sociedade na qual não seja tão pesada a convivência, na qual as pessoas não precisem morrer de fome e que todos possam ter o suficiente e decente para viver. Ela nos fez descobrir que devemos respeitar a natureza, conhecer suas potencialidades e seus limites. Permitiu resgatar a ideia ancestral e reconhecida pela ONU, a partir de 22 de abril de 2009, de que a Terra é verdadeiramente Mãe Terra, que nos dá e garante tudo o que a vida humana e toda a comunidade de vida necessitam para florescer. Descobrimos, por fim, que o destino humano comum está em nossas mãos na medida em que formos solidários, cooperativos, corresponsáveis e cuidadosos.

2 A Terra poderá não nos querer mais aqui

Estas considerações me concedem enxergar que esta pandemia não pode ser combatida apenas por meios econômicos e sanitários, sempre indispensáveis. Ela demanda outra relação para com a natureza e a Terra. Se após passar a crise e não fizermos as mudanças necessárias, na próxima vez poderá ser muito mais letal, pois nos fazemos os inimigos figadais da Terra. Ela poderá não nos querer mais aqui.

O relatório do Prof. Neil Ferguson do Imperial College of London declarou: "esse é o vírus mais perigoso desde a gripe H1N1 de 1918. Se não houver uma resposta imediata haverá nos Estados Unidos 2,2 milhões de mortos e 510 mil no Reino Unido". Bastou esta declaração para que Trump e Johnson mudassem imediatamente de posição. Tardiamente se empenharam com fortunas para proteger o povo. Enquanto que no Brasil o presidente não se importa, trata a pandemia como "histeria" e, no dizer de um jornalista alemão da *Deutsche Welle*: "Ele age de forma criminosa. O Brasil é liderado por um *psicopata*, e o país faria bem em removê-lo o mais rápido possível. Razões para isso haveria muitas". É o que o parlamento e o STF Federal, por amor ao povo, deveriam, sem delongas, fazer.

Não basta a hiperinformação e os apelos feitos por toda a mídia. Eles não nos movem a mudar para comportamento exigido. Temos de nos despertar para a *razão sensível e cordial*, superar a indiferença e sentir, com o coração, a dor dos outros. Ninguém está imune ao vírus. Ricos e pobres, temos de ser solidários uns para com os outros; é preciso cuidar de nós mesmos e dos outros, assumindo uma responsabilidade coletiva. Não há um porto de salvação; ou nos sentimos humanos, coiguais na mesma Casa Comum, ou afundaremos todos.

As mulheres têm, como nunca antes na história, uma missão especial, pois elas sabem da vida e do cuidado necessário. Assim, elas podem nos ajudar a despertar nossa sensibilidade para com os outros e para conosco mesmos. Elas, junto com operadores da saúde (corpo médico e de enfermagem), merecem nosso apoio irrestrito. É preciso *cuidar de quem cuida de nós* para minimizar os males desse terrível assalto à vida humana.

V
Voltar à normalidade
é se autocondenar

Quando passar a pandemia do coronavírus (se passar) não nos será permitido voltar à "normalidade" anterior.

Em primeiro lugar, seria um desprezo pelos milhares que morreram sufocados pelo vírus e uma falta de solidariedade para com os parentes e amigos que não puderam se despedir, fazer o velório e enterrar seus entes queridos.

Em segundo lugar, seria uma demonstração de que não aprendemos nada daquilo que é ou foi mais do que uma crise, mas um chamado urgente para mudarmos a nossa forma de habitar a única Casa Comum. Temos que atender ao apelo da própria Terra viva, esse superorganismo que se autorregula e do qual somos sua porção inteligente e consciente.

1 O atual sistema põe em risco as bases da vida

Voltar à conformação anterior do mundo, hegemonizado pelo capitalismo neoliberal, cujo DNA é sua voracidade por um crescimento ilimitado à custa da superexploração da natureza e da indiferença face à pobreza e à miséria da grande maioria da Humanidade produzida por ele, é esquecer que tal conformação está abalando os fundamentos ecológicos que sustentam toda a vida no planeta.

Que "normalidade" é essa que impõe a austeridade fiscal que, por sua vez, implica a exclusão de milhares de operários e acaba produzindo grave recessão; que estabelece um teto de gastos naquilo que é o mais importante para um povo, a saúde e a educação. Tal perversidade impede para sempre a criação de um Estado de Bem-estar Social, que castiga a classe trabalhadora com o arrocho salarial e tolera o desemprego, destruidor de pessoas e de famílias, que abre as portas ao mercado para atrair capitais e fecha os processos de invenção e produção nacionais? Os interesses daqueles que propugnam a volta "à antiga normalidade" sequer podem ser ditos, por sua inumanidade e caráter suicidário.

Resumindo: voltar à "normalidade anterior" (ao *business as usual*) é prolongar uma situação que poderá significar a nossa própria autodestruição.

Se não fizermos uma "conversão ecológica radical" a Terra viva poderá reagir e contra-atacar com vírus ainda mais violentos, capazes de fazer desaparecer a espécie humana. Essa não é uma opinião meramente pessoal, mas de muitos biólogos, cosmólogos e ecologistas que sistematicamente acompanham a crescente degradação do sistema-vida e do sistema-Terra.

Dez anos atrás (2010), como fruto de minhas pesquisas em cosmologia e novo paradigma ecológico, escrevi o livro *Cuidar da Terra, proteger a vida – Como escapar do fim do mundo* (Rio de Janeiro: Record). Os prognósticos foram plenamente confirmados pela atual situação: a ação letal do Covid-19.

2 O projeto capitalista e neoliberal foi refutado

Uma lição que eruímos da pandemia é esta: se tivéssemos seguido os ideais do capitalismo neoliberal – competição, acumulação privada, individualismo, primazia do mercado sobre a vida e o Estado mínimo –, a maioria da Humanidade estaria profundamente afetada com um incontável número de mortos.

As economias capitalistas atuais são motivadas pelo consumismo na ordem de 70-80%. Elas já sofreram rigorosas críticas, especialmente de Celso Furtado: "no capitalismo existe uma inversão perversa entre fins e meios. A acumulação de dinheiro e de capital não é um meio para satisfazer necessidades sociais ou para a felicidade dos indivíduos, mas um fim em si mesmo". Há maior perversidade do espírito humano do que esta, que está sendo estreitado desta forma. Ele, que é habitado por um projeto infinito? Um conhecido geógrafo norte-americano, David Harvey, bem observou: "O Covid-19 é a vingança da natureza por mais de quarenta anos de maus-tratos e abuso nas mãos de um extrativismo neoliberal violento e não regulamentado".

O que nos tem salvado foi a cooperação, a interdependência de todos com todos, a solidariedade e um Estado minimamente apetrechado para oferecer a chance universal de tratamento do coronavírus; no caso do Brasil, o SUS (Sistema Único de Saúde).

Fizemos algumas descobertas: precisamos de um *contrato social mundial*, pois somos ainda reféns do ultrapassado soberanismo de cada país. Problemas globais exigem uma solução global, concertada entre todos os países. Vimos o desastre na Comunidade Europeia, na qual cada país tinha seu plano, sem considerar a cooperação necessária de outros países. Foi uma devastação generalizada na Itália, na Espanha e ultimamente nos Estados Unidos, onde a medicina é totalmente privatizada. Somente depois a Alemanha mostrou solidariedade e acolheu muitos idosos italianos em seus hospitais.

Outra descoberta foi a urgência de *um centro plural de governança global* para garantir à totalidade da comunidade de vida (não só a humana, mas de todos os seres vivos) o suficiente e decente para viver. Os bens e serviços naturais são escassos, e muitos não são renováveis. Com eles devemos atender às demandas básicas do sistema-vida, pensando ainda nas futuras gerações. Nesse quesito, seria o caso de se criar uma renda universal mínima para todos, pregação persistente do valoroso e digno político Eduardo Suplicy.

3 Uma comunidade de destino compartilhado

Os chineses viram com clareza essa exigência ao impulsionarem "uma comunidade de destino compartilhado para toda a Humanidade", texto incorporado no renovado artigo 35 da Constituição Chinesa. Desta vez, ou nos salvamos todos ou vamos na direção de um abismo.

Por isso, temos que mudar urgentemente o nosso modo de nos relacionar com a natureza e com a Terra, não como senhores, montados sobre ela, delapidando-a, mas como partes conscientes e responsáveis, colocando-nos junto e ao pé dela, cuidadores de toda a vida.

Ao famoso argumento Tina (There Is No Alternative – Não há outra alternativa) da cultura do capital devemos contrapor outro Tina (There Is a New Alternative – Há uma nova alternativa).

Se na primeira alternativa a centralidade era ocupada pelo lucro, pelo mercado e pela dominação da natureza e dos outros (imperialismo), nesta segunda será a vida em sua vasta diversidade; também a humana, com suas muitas culturas e tradições, que organizará a nova forma de habitar a Casa Comum.

Isso é possível e está dentro das possibilidades humanas: temos ciência e tecnologia, temos uma acumulação fantástica de riqueza monetária, mas falta à grande maioria da humanidade e, pior, aos chefes de Estado, a consciência dessa necessidade e a vontade política de implementá-la.

Talvez, face a um risco real de que boa parte desapareça como espécie, porque atingimos os limites insuportáveis da Terra, o instinto de sobrevivência nos fará sociáveis, todos colaboradores e mutuamente solidários. O tempo da competição passou. Agora seria o tempo da cooperação, da inter-relação, da solidariedade e do cuidado de nossa relação para com a natureza, e assim não sermos expostos a eventuais vírus.

4 Os brotos de uma civilização biocentrada

Creio que iremos inaugurar uma civilização biocentrada, cuidadosa, amiga da vida e, como dizem alguns, "a Terra da boa esperança". O *"bien vivir y convivir"* dos andinos teria condições de se realizar: a harmonia de todos com todos, na família, na sociedade, com os demais seres da natureza, com as águas, com as montanhas e até com as estrelas no firmamento.

Como bem disse o Nobel de Economia Joseph Stiglitz: "teremos uma ciência não a serviço do mercado, mas o mercado a serviço da ciência"; e eu acrescentaria: a ciência a serviço da vida.

Esperamos não sair da pandemia do coronavírus como entramos. Seguramente serão feitas mudanças significativas; quem sabe, até estruturais. Acertadamente disse a liderança indígena muito conhecida, Ailton Krenak, da Etnia krenak, do Vale do Rio Doce: "Não sei se vamos sair dessa experiência da mesma maneira que entramos. É como um tranco para olharmos o que realmente importa; o futuro é aqui e agora, podemos não estar vivos amanhã; tomara que não voltemos à normalidade" (*O Globo*, 01/05/2020, B 6).

Logicamente, não podemos imaginar que as transformações se farão de um dia para o outro. É compreensível que as fábricas e as cadeias produtivas vão querer retomar a lógica anterior; mas isso não será mais aceitável. Elas deverão se submeter a um processo de reconversão no qual todo o aparato produtivo industrial e agroindustrial deverá incorporar como elemento essencial o *fator ecológico*. Não basta a responsabilidade social das empresas; deverá ser imposta uma responsabilidade *socioecológica*.

Deverão ser buscadas energias alternativas às fósseis, menos impactantes sobre os ecossistemas. Será preciso cuidar mais da atmosfera, das águas e das florestas. A salvaguarda da biodiversidade será fundamental para o futuro da vida, da alimentação humana e de toda a comunidade de vida.

5 Que tipo de Terra queremos para o futuro?

Seguramente haverá uma grande discussão de projeções sobre que futuro almejamos e que tipo de Terra queremos habitar. Qual será a conformação mais adequada à atual fase da Terra e da própria Humanidade, a fase da planetização e da percepção cada vez mais clara de que não temos outra Casa Comum senão esta, e que temos um destino comum: feliz ou trágico. Para que seja feliz, importa cuidar dela para que todos possam caber nela, a natureza incluída. Cuidar sem avançar sobre as riquezas naturais, pois poderemos ficar expostos a vírus, como o atual, que veio da natureza.

Há o risco real de uma polarização de modelos binários: por um lado movimentos de integração de cooperação geral, e, por outro, de reafirmação das soberanias nacionais com seu protecionismo. Os grandes conglomerados poderiam usar os modernos meios cibernéticos, como a inteligência artificial, para controlar tudo e todos, numa nova espécie de *despotismo* para salvaguardar suas fortunas, seus interesses, inclusive seu poder de pressão sobre os governos.

O desafio que vejo é como passar de uma sociedade industrialista/consumista para uma sociedade de sustentação de toda a vida com um consumo sóbrio e solidário; com uma cultura humanístico-espiritual na qual os bens intangíveis como a solidariedade, a justiça social, a cooperação, os laços afetivos e – não em último lugar – a amorosidade e a *logique du coeur* estarão em seus fundamentos.

O desafio maior que desponta para o século XXI é como articular e unir estes quatro eixos: a ecologia com a economia, a responsabilidade coletiva com o cuidado necessário. Tudo deve se ordenar a partir da ecologia integral. É dela que se deriva o substrato para a vida, o chão que pisamos, a comida que comemos, o ar que respiramos, a água que bebemos, o clima que teremos. Sem isso, a vida se torna impossível; invalidam-se todos os demais projetos.

A economia que garante os suprimentos para as nossas sociedades complexas deve se ordenar primeiramente para atender a demandas da vida, e somente depois ao mercado.

A responsabilidade deve ser de todos, coletiva. Basta que um país poderoso se negue a colaborar na manutenção de uma Terra habitável para frustrar qualquer projeto concernente a toda a coletividade

O cuidado é a aura que acompanha todos os afazeres humanos, sem o qual não se implementam ou fracassam a meio-caminho. Ou cuidamos da herança natural e cultural ou então dificilmente escaparemos de alguma tragédia ecológico-social.

Vejo a viabilidade de uma *glocalização*; vale dizer, o acento será colocado no *local*, na região com suas especificidades geológicas, físicas, ecológicas e culturais, mas aberta ao *global*, que a todos envolve.

Nesse biorregionalismo seria possível realizar de fato um real desenvolvimento sustentável, como iremos detalhar melhor em um outro lugar. É a tese que o cosmólogo Mark Hathaway e eu defendemos num livro a quatro mãos (*O Tao da Libertação – Explorando a ecologia da transformação*. Petrópolis: Vozes, 2010), que teve boa acolhida no meio científico e entre os ecologistas, especialmente pelo físico quântico e ecologista Fritjof Capra, que prefaciou a obra.

Tempos de crise como o nosso, de passagem de um tipo de mundo para outro, são também tempos de grandes sonhos e utopias, que nos movem na direção do futuro, incorporando o melhor do passado, mas fazendo a própria pegada no chão da vida.

É fácil pisar na pegada deixada por outros. Mas ela não nos leva mais a nenhum caminho esperançador. Devemos fazer a nossa pegada, com invenção, criatividade e sonho, marcada pela inarredável esperança da vitória da vida, pois o caminho se faz caminhando e sonhando. Então caminhemos.

VI

O contraponto à "normalidade": a cooperação e a solidariedade

Se quisermos fazer frente à normalidade anterior e não repetir seus impasses devemos buscar uma boa fundamentação, baseada na melhor ciência disponível e que tenha ligação com a nossa própria natureza humana.

Há uma convergência impressionante entre as várias ciências contemporâneas como a nova biologia evolucionista, a genética, as neurociências, a psicologia evolutiva, a cosmologia, a ecologia e certo tipo de filosofia quando afirmam que a nossa singularidade humana é formada pela *cooperação* e *solidariedade*.

1 Os fundamentos científicos para a cooperação

Michael Tomasello, considerado genial na área da psicologia do desenvolvimento de crianças de 1 a 3 anos, sem intervenção invasiva, reuniu num volume as melhores pesquisas na área sob o título *Warum wir kooperieren* (Por que nós cooperamos) (Berlim: Suhrkamp, 2010). Em seu ensaio de abertura afirma que a essência do humano está no "altruísmo" e na "cooperação".

"No altruísmo um se sacrifica pelo outro. Na cooperação muitos se unem em vista de um bem comum" (p. 14). Aqui se encontra a base da empatia, da solidariedade, da compaixão, do cuidado e da generosidade, afirma ao longo da obra.

Uma das maiores especialistas em psicologia e evolução da Universidade de Stanford, Carol S. Dweck, afirma: "mais do que a grandeza excepcional de nosso cérebro e de nossa imensa capacidade de pensar, a nossa natureza essencial é esta: a aptidão de sermos seres de *cooperação e de relação*" (apud *Warum wir kooperieren* (Por que nós cooperamos). Op. cit., p. 95).

Outra, da mesma ciência, famosa por suas pesquisas empíricas, Elizabeth S. Spelke, de Harvard, assevera: a nossa marca, *por natureza*, diferencial de qualquer outra espécie superior como a dos primatas (dos quais somos uma bifurcação) é "*a nossa intencionalidade compartida*" que propicia todas as formas de cooperação, de comunicação e de participação de tarefas e de objetivos comuns" (apud *Warum wir kooperieren* (Por que nós cooperamos). Op. cit., p. 112). Ela caminha junto com a linguagem que é, essencialmente, social e cooperativa, traço específico dos humanos, como o entenderam os biólogos chilenos H. Maturana e F. Varela.

Outro, este neurobiólogo do conhecido Instituto Max Plank, Joachim Bauer, em seu livro *Das kooperative Gen* (O gen cooperativo) (Hamburgo: Hoffman und Campe, 2008), e especialmente no livro *Princípio Humanidade: por que nós, por natureza, cooperamos* (2006) sustenta a mesma tese de que o ser humano é essencialmente um ser de cooperação.

Refuta com veemência o zoólogo inglês Richard Dawkins, autor do livro muito difundido: *O gene egoísta* (1976/2004). Afirma "que sua tese não possui nenhuma base empírica; ao contrário, representa o correlato do capitalismo dominante que assim parece legitimá-lo" (Op. cit., p. 153). Critica também a superficialidade de outro livro: *Deus, um delírio* (2007).

No entanto, diz Bauer, é cientificamente verificado que "os genes não são autônomos e de modo algum 'egoístas', mas se agregam uns aos outros nas células da totalidade do organismo" (*O gene cooperativo*, p. 184). Afirma ainda mais: "Todos os sistemas vivos se caracterizam pela permanente cooperação e comunicação molecular para dentro e para fora" (Op. cit., p. 183).

É notório pela bioantropologia que a espécie humana deixou para trás os primatas e virou ser humano quando começou, de forma cooperativa e solidária, a recoletar e a comer o que recolhia numa grande comensalidade.

Uma das teses axiais da física quântica (W. Heisenberg) e da cosmogênese (B. Swimme) consiste em afirmar a cooperação e a relação de todos com todos. Tudo é relacionado, e nada existe fora da relação. Todos cooperam uns com os outros para coevoluírem.

2 Tudo está relacionado com tudo

Talvez a formulação mais bela foi encontrada pelo Papa Francisco em sua Encíclica *Laudato Si'* – *Sobre o cuidado da Casa Comum*: "Tudo está relacionado, e todos nós, seres humanos, caminhamos juntos como irmãos e irmãs, numa peregrinação maravilhosa... que nos une também, com terna afeição, ao Irmão Sol, à Irmã Lua, ao Irmão Rio e à Mãe Terra" (n. 92).

Um brasileiro, professor de Filosofia da Ciência na Ufes, em Vitória, Maurício Abdala, escreveu um convincente livro sobre *O princípio de cooperação* (São Paulo: Paulus, 2002), na linha das reflexões acima referidas.

Por que afirmamos tudo isso? Para mostrar quão antinatural e perverso é o sistema imperante do capital com seu individualismo e sua competição sem nenhuma cooperação. É ele que está conduzindo a Humanidade a um impasse fatal. Por essa lógica o coronavírus teria contaminado e exterminado quase todos nós. São a cooperação e a solidariedade de todos com todos que nos salvam junto com seu correlato, também da essência humana, o cuidado essencial.

3 Ou mudamos ou conheceremos o destino dos dinossauros

De aqui por diante devemos nos decidir: ou obedecemos à nossa natureza essencial, à cooperação e à solidariedade, no nível pessoal, local, regional, nacional e mundial, mudando a forma de habitar a Casa Comum, ou comecemos a nos preparar para o pior, num caminho já percorrido pelos dinossauros.

Se não ouvirmos essa lição que o Covid-19 está nos dando e voltarmos, com mais fúria ainda, ao que era antes, para recuperar o atraso, poderemos entrar na contagem regressiva de uma catástrofe ainda mais letal. Quem nos garante que não poderá ser o temido NBO (Next Big One) dos biólogos, aquele próximo e derradeiro vírus avassalador que poderá afetar profundamente a biosfera e dizimar grande parte (senão toda) da Humanidade? Grandes nomes da ciência como Jacquard, de Duve, Rees, Lovelock e Chomsky nos advertem sobre essa emergência trágica.

Lembro apenas as derradeiras palavras do velho Martin Heidegger em sua última entrevista ao *Der Spiegel*, publicada 15 anos após a sua morte, referindo-se à lógica suicida de nosso projeto técnico-científico: "Nur noch ein Gott kann uns retten" ("Somente um Deus poderá nos salvar").

É o que espero e creio, pois Deus se revelou como um Deus vivo e o *Spiritus Creator* que pairava sobre o caos primitivo, e que ordenou todas as coisas. Seguramente não permitirão que pereçamos de forma tão lamentável e miserável. O coronavírus nos quer passar esta advertência.

51

VII

A Mãe Terra nos cobra que sejamos mais humanos

A pandemia do coronavírus obriga todos nós a pensarmos: O que conta, verdadeiramente: a vida ou os bens materiais? O individualismo de cada um para si, de costas para os outros, ou a solidariedade de uns para com os outros? Podemos continuar explorando, sem qualquer consideração, os bens e serviços naturais para vivermos cada vez melhor ou cuidarmos da natureza, da vitalidade da Mãe Terra e do bem-viver, que é a harmonia entre todos e com os seres da natureza?

Adiantou em alguma coisa as potências amantes da guerra acumularem cada vez mais armas de destruição em massa se não podem usá-las contra o Covid-19, evidenciando como todo esse irracional aparato de morte é absolutamente ineficaz?

Podemos continuar com nosso estilo de vida consumista, depredador da natureza, produzindo ilimitada riqueza em poucas mãos às custas de milhões de pobres e miseráveis? Ainda faz sentido cada país afirmar a sua soberania, criando entre os países limites artificiais, quando deveríamos ter uma governança global e plural para resolver problemas globais? Por que não descobrimos ainda a única Casa Comum, a Mãe Terra e o nosso dever de cuidar dela, para que todos possam caber nela, incluindo a natureza?

São perguntas que não podem ser obviadas. Ninguém tem a resposta cabal. Uma coisa, entretanto, é certa, nesta frase atribuída a Einstein: "A visão de mundo que criou a crise não pode ser a mesma que nos vai tirar da crise".

I Não voltem ao que era antes

Temos que, forçosamente, mudar. O pior seria se tudo voltasse como antes, com a mesma lógica consumista e especulativa; talvez, com mais fúria ainda. Aí sim, por não termos aprendido a lição, a Terra nos poderia enviar novos vírus, talvez aquele verdadeiramente letal que pode levar grande parte da Humanidade a desaparecer.

Mas podemos olhar a guerra que o coronavírus está movendo contra todo o planeta, sob um outro ângulo, e este esclarecedor. Pelo vírus, a Terra nos faz descobrir qual é a nossa mais profunda e autêntica natureza humana. Ela é ambígua, inteligente e simultaneamente demente. Aqui consideremos apenas a dimensão luminosa e inteligente, pois foi esta que mais nos faltou no caso do Codiv-19.

2 O que a Mãe Terra nos faz descobrir através da pandemia: a nossa verdadeira Humanidade

Em primeiro lugar, somos seres de *relação*. Somos, numa metáfora preferida, um nó de relações totais voltadas em todas as direções. Portanto, ninguém é uma ilha; lançamos pontes para todos os lados.

Em segundo lugar, como consequência, todos *dependemos uns dos outros*. A compreensão africana *Ubuntu* bem o expressa: "eu só sou eu através de você". Portanto, todo individualismo, alma da cultura do capital, é falso e anti-humano. O coronavírus o comprova. A saúde de um depende da saúde do outro.

Essa mútua dependência assumida conscientemente chama-se solidariedade. Foi a solidariedade que outrora nos fez deixar o mundo dos antropoides e nos permitiu sermos humanos, convivendo cooperativamente. Assistimos nestas semanas de angústias e de medo gestos comoventes de verdadeira solidariedade; uns ajudando aos outros, não apenas dando o que lhes sobra, mas compartilhando o que têm.

Em terceiro lugar, somos seres essencialmente de *cuidado*. Sem o cuidado, desde a nossa concepção, passando por toda a nossa vida e até à morte, ninguém subsistiria. Precisamos cuidar de tudo: de nós mesmos, caso contrário podemos adoecer e morrer; dos outros, que nos podem salvar ou que nós podemos salvá-los; da natureza, senão ela se volta contra nós com vírus deletérios, com estiagens desastrosas, com enchentes devastadoras, com eventos climáticos extremos; da Mãe Terra, para que continue a nos dar tudo aquilo que precisamos para viver e que ainda nos queira sobre seu solo, já que, durante séculos, a agredimos de forma impiedosa.

Especialmente agora sob o ataque do coronavírus todos devemos cuidar de nós mesmos, dos outros mais vulneráveis, nos recolher em casa, manter o distanciamento social e cuidar da infraestrutura sanitária, sem a qual assistiremos a uma catástrofe humanitária de proporções nunca vistas antes.

Em quarto lugar descobrimos que devemos ser todos *corresáveis*; vale dizer, ser conscientes das consequências benéficas ou maléficas de nossos atos. A vida e a morte estão em nossas mãos. Não basta a responsabilidade do Estado ou de alguns, mas deve ser de todos, pois todos são afetados e todos podem afetar. Todos devem aceitar responsavelmente o confinamento social.

Por fim, descobrimos a força do *mundo espiritual* como dimensão antropológica de nosso Profundo, lá onde se elaboram os grandes sonhos, colocam-se as questões derradeiras sobre o sentido de nossa vida e onde sentimos que deve existir uma Energia amorosa e poderosa, sempre presente, que subjaz a tudo o que existe, que sustenta o céu estrelado e nossa própria vida, sobre a qual não temos todo o controle.

Esse mundo espiritual não deve ser identificado com a religiosidade. Esta pode ajudar a alimentá-lo, mas ele é anterior a qualquer religião. As religiões, por sua vez, nascem de uma experiência espiritual. Há pessoas espirituais ou espiritualizadas que não professam nenhuma religião, mas no seu Profundo buscam o bem, o justo, o verdadeiro e o solidário. Isso porque, como temos o corpo e a psique, igualmente temos o espírito que representa a dimensão mais profunda em nós. É um dado objetivo de nosso ser humano.

Podemos cultivar conscientemente esse mundo espiritual dando-nos conta de que uma Presença misteriosa enche todos os espaços e também está em nossa interioridade. As tradições religiosas e também as filosóficas chamam a essa Presença de Deus, Numinoso ou Sagrado. Dar espaço em nossa vida a esse mundo espiritual supera o sentimento – por vezes terrível – de solidão, de estarmos desenraizados. Mas seu efeito final é nos fazer mais sensíveis, compassivos; numa palavra, mais humanos.

Esses valores nos permitem sonhar e construir outro tipo de mundo, biocentrado, no qual a economia, com outra racionalidade, sustenta uma sociedade globalmente integrada, fortalecida por cidadãos que se ligam por alianças afetivas, e não pela busca de *status* e poder. Será a sociedade do cuidado, da gentileza e da alegria de viver.

Segunda parte

O coronavírus nos convida a rezar e a meditar

I
Aos confinados, a Meditação da Luz

A grande maioria está atendendo às recomendações oficiais de isolamento social, de distanciamento e de uso de máscara para impedir a disseminação do Covid-19.

Podem-se fazer muitas coisas nesse recolhimento forçado: uma revisão de vida – Que lições tirar para o futuro? Como mudar para melhor? Ou se entreter com um filme, com a leitura de um romance e outros meios de entretenimento.

Mas também é uma oportunidade de fazer algum exercício de meditação. Não somente para as pessoas religiosas, mas também para aquelas que, sem ligação a alguma religião, cultivam valores como a reflexão, a leitura, o amor, a cooperação, a empatia e a compaixão.

Ofereço aqui um método que chamo de "Meditação da Luz: o caminho da simplicidade". Ele tem uma alta ancestralidade no Oriente e no Ocidente. Tem a ver com a nossa vida interior e com o nosso espírito, que também inclui o corpo; em particular o cérebro, a base de nossa consciência e inteligência.

Durante o isolamento social, por causa do coronavírus, dentre as muitas iniciativas inclui-se a meditação. Não pode ser algo complexo e difícil, mas simples e com efeitos surpreendentes. Façamos uma tentativa.

Primeiramente vamos conhecer um pouco melhor nosso cérebro. Aqui não se trata de discutir suas três sobreposições: a *reptiliana,* que diz respeito aos nossos movimentos instintivos; a *límbica,* relacionada aos sentimentos; e a *neocortical,* ligada ao raciocínio, à lógica e à linguagem.

1 O cérebro humano e seus dois hemisférios

Ele tem a forma de concha e dois hemisférios. O *esquerdo,* que responde pela análise, pelo discurso lógico, pelos conceitos, pelos números e pelas conexões causais. O *direito* é responsável pela síntese, pelos sentimentos, pela criatividade, pela intuição, pelo lado simbólico das coisas e dos fatos e pela percepção de totalidade.

No meio dos dois hemisférios está o *corpo caloso,* que separa e ao mesmo tempo une os dois hemisférios.

Outro ponto importante do cérebro é o *lobo frontal,* onde se concentra especialmente a mente humana. Há muitas teorias sobre a relação entre cérebro e mente. Vários neurocientistas sustentam que a mente ou a psique é o nome que damos às realidades intangíveis, elaboradas no cérebro, tais como a vida afetiva, o amor, a honestidade, a arte, a fé, a religião, a reverência e a experiência do numinoso e do sagrado. Mas também os antivalores, que desconsideramos aqui.

2 A mente espiritual e o "ponto Deus" no cérebro

Outro ponto a ser referido é a *mente espiritual.* A antropologia cultural deu-se conta de que em todas as culturas há duas constantes: a lei moral na consciência e a percepção de uma Realidade que transcende o mundo espaçotemporal e que concerne ao universo e ao sentido da vida. Repousam em alguma estrutura neuronal, mas não são neurônios; possuem outra natureza, até agora inexplicável. Vários neurocientistas a chamaram de *mente mística* (*mystical mind*). Prefiro uma expressão mais modesta: *mente espiritual.*

Aprofundando a *mente espiritual*, neurocientistas e neurolinguistas chegaram a identificar o que chamaram de o *ponto Deus* no cérebro. Constataram que, sempre que o ser humano se interroga existencialmente sobre o sentido do Todo, do universo, de sua vida e pensa seriamente sobre uma Última Realidade, sobre Deus, produz-se uma descomunal aceleração dos neurônios do *lobo frontal.*

Essa modificação aponta para um órgão interior de qualidade especial. Assim como temos órgãos externos, os olhos, os ouvidos... temos igualmente um órgão interno, uma vantagem de nossa evolução humana. Deram-lhe o nome de "o *ponto Deus* no cérebro". Não foram os teólogos que escolheram esse nome, mas os próprios cientistas.

Mediante esse órgão interno, dizem esses neurocientistas, captamos Aquela Realidade que tudo unifica e sustenta, desde o universo estrelado, a nossa Terra até nós mesmos: a Fonte que faz tudo ser o que é. Cada cultura lhe dá um nome: o Grande Espírito dos indígenas, Alá, Shiva, Tao, Javé, Olorum dos nagô e nós, simplesmente, Deus (que em sânscrito é DI e significa *a luz*, de onde também vem a palavra *dia*).

3 A natureza misteriosa da luz

Antes de nos focarmos na *Meditação da Luz*, cabe uma palavra sobre a *natureza da luz*. Ela é tida até hoje como um fenômeno misterioso, tão singular para a ciência como para a física quântica e a astrofísica. Os cientistas preferiram dizer: entendemos melhor a luz se a considerarmos simultaneamente como uma partícula material (que pode ser barrada por uma placa de chumbo) e como uma onda energética que percorre o universo à velocidade de 300 mil quilômetros por segundo.

Biólogos chegaram a descobrir que todos os organismos vivos emitem luz, os biofótons, invisíveis a nós mas captáveis por aparelhos sofisticados. A sede desta bioluz estaria nas células de nosso DNA. Portanto, somos seres de luz. Ademais, a luz é um dos maiores símbolos humanos e o nome que se dá à Divindade ou a Deus, como Luz infinita e eterna.

4 Meditação da Luz: como praticá-la

Vamos finalmente ao tema: como se faz essa Meditação da Luz? Fundamentalmente, tanto o Oriente quanto o Ocidente comungam da mesma intuição: do Infinito vem a nós por um raio sagrado de Luz que incide em nossa cabeça (corpo caloso), penetra todo o nosso centro energético (os chacras, para os orientais), ativa os biofótons, sana nossas feridas, nos enleva e nos transforma também em seres de luz.

Conhecido é o método *oriental* em três passos; diante de uma vela acesa a pessoa se concentra e diz: (1) *Eu estou na luz*; (2) *A luz está em mim*; (3) *Eu sou luz*.

Essa luz se expande por todo o corpo e para tudo o que está ao redor; para a Terra, para os céus, para o universo inteiro. Permite uma experiência de não dualidade: tudo é um e eu estou no Todo.

O método ocidental se parece com o oriental. Era praticado pelos primeiros cristãos em Alexandria, no Egito, que professavam: Deus é Luz, Jesus, Luz do Mundo e o Espírito Santo, a *Lux Beatissima*.

Sigam comigo os seguintes passos: coloque-se num lugar cômodo; por exemplo, na beira da cama (como se faz ao levantar ou ao deitar) ou num local mais recolhido da casa. Concentre-se e invoque a Luz Beatíssima. Ela provém do infinito do céu e incide sobre nosso corpo caloso, fazendo com que ele lentamente se abra.

Esse raio de Luz sagrada já permite a união dos dois hemisférios do cérebro, produzindo grande equilíbrio entre razão e sentimento.

Em seguida, deixe que essa Luz divina comece lentamente a penetrar todo o seu corpo: o cérebro nos seus dois lados, as vias respiratórias, os pulmões, o coração, o aparelho digestivo, os órgãos genitais, as pernas e os pés. Conduza a luz especialmente para as partes que estão doentes e que produzem dor. Já que a Luz desceu, faça-a regressar percorrendo o mesmo caminho da descida, revitalizando todos os seus órgãos.

5 Benefícios da Meditação da Luz

Lentamente você começa a sentir que essa Luz divina potencia suas energias, propiciando leveza a todo o seu ser corporal e espiritual. Dê-se um pouco de tempo para "curtir" essa Energia divina que o energiza totalmente. Demore-se, concentrado, para que a luz faça sua obra sanadora.

Por fim, agradeça ao Espírito de Luz, que é o Espírito Santo. Lentamente seu corpo caloso se fecha e você sai mais espiritualizado, mais humanizado e com mais coragem para enfrentar o peso da vida.

Você pode fazer esse exercício mentalmente no ônibus, ao parar no semáforo, na fábrica, no escritório ou em qualquer tempinho durante o dia.

Todos os que se acostumaram a fazer esse tipo de meditação – via da simplicidade – testemunham como ficam mais resistentes na saúde, ganham mais clareza nas questões complicadas e suas ideias fixas e preconceitos tornam-se mais superáveis; enfim, transformam-se em seres melhores e sua luz irradia sobre outros. Tente fazer essa meditação simples, e constatará seus benefícios corporais e espirituais.

A luz sempre é benfazeja. Basta a luz de um fósforo para iluminar toda uma sala escura. Seja, como convida Jesus, luz do mundo e para o mundo.

II

Sexta-feira Santa: Jesus continua crucificado nos sofredores do coronavírus

Neste tempo de coronavírus que está produzindo ansiedade e medo e trazendo a morte a muita gente no mundo inteiro, especialmente no Brasil junto com os Estados Unidos, a celebração da Sexta-feira Santa ganha um significado especial.

1 Jesus continua sofrendo pelos séculos afora

Há Alguém que também sofreu e, em meio a dores terríveis, foi crucificado: Jesus de Nazaré. Sabemos que entre todos os sofredores, como os do coronavírus, se estabelece um misterioso laço de solidariedade. O Crucificado, embora pela ressurreição feito o homem novo e o Cristo cósmico, continua, por isso mesmo, padecendo e sendo crucificado em solidariedade com todos os que padecem e agonizam nos hospitais, vítimas desse vírus. E assim será hoje, até o final dos tempos.

Jesus não morreu porque todos morrem. Ele foi judicialmente assassinado em consequência de um duplo processo judicial: um pela autoridade política romana e outro pela autoridade religiosa judaica. Seu assassinato judicial se deveu à sua mensagem do Reino de Deus, que implicava uma revolução absoluta de todas as relações; mas também à imagem nova de Deus que anunciava, como "Paizinho" (*Abbá*) cheio de misericórdia; à liberdade que pregou e viveu face a doutrinas e tradições que pesavam sobre as costas do povo; ao seu amor incondicional, especialmente aos pobres e doentes, pelos quais se compadecia e curava; e, finalmente, por apresentar-se como o Filho de Deus. Essas atitudes rompiam com o *status quo* político-religioso da época. Decidiram eliminá-lo.

Ele morreu não simplesmente porque Deus assim quis, o que seria contraditório à sua imagem amorosa que anunciou. O que Deus quis, isto sim, foi sua fidelidade à mensagem do Reino e aos pobres, os primeiros beneficiados pelo Reino, mesmo que implicasse a morte. Sua morte resultou desta dupla fidelidade de Jesus: a seu Pai e aos amados de Deus, os pobres.

Aqueles que o crucificaram não podiam definir o sentido dessa condenação. O Crucificado mesmo definiu o seu sentido: uma expressão de extremo amor e de entrega sem resto para alcançar a reconciliação e o perdão a todos aqueles que o crucificaram e como solidariedade para com todos os crucificados da história, como agora com as vítimas do Covid-19, em especial pelos parentes que não puderam acompanhá-los nessa última travessia, nem velá-los e nem sepultá-los. É uma dor de "cortar o coração", que sequer podemos imaginar.

Para que essa morte fosse realmente morte, como última solidão do ser humano, Jesus passou pela tentação mais terrível que alguém pode passar: a tentação do desespero. O grande embate agora não é com as autoridades que o condenaram; é com seu Pai.

O Pai que Ele experimentou com profunda intimidade filial, o Pai que Ele havia anunciado como misericordioso e cheio da bondade de uma Mãe; o Pai cujo projeto, o Reino, que Ele proclamara e antecipara em sua práxis libertadora... Este Pai agora, no momento supremo da cruz, parece tê-lo abandonado. Jesus passa pelo inferno da ausência de Deus.

2 Jesus sofre na cruz a ausência de Deus

Por volta das três horas da tarde, minutos antes do desenlace final, Jesus grita fortemente: *"Eloí, Eloí, lemá sabachtani"* – "Meu Deus, Meu Deus, por que me abandonaste"? Jesus está às raias da desesperança. Do vazio mais abissal de seu espírito irrompem interrogações assustadoras que configuram a mais terrível tentação, pior do que aquelas três, feitas por satanás no deserto.

Foi absurda a minha fidelidade ao Pai? Sem sentido a luta sustentada pelo Reino, a grande causa de Deus? Foram vãos os riscos que corri, as perseguições que suportei, o aviltante processo capital que sofri e a crucificação que estou padecendo?

Jesus encontra-se nu, impotente, totalmente vazio diante do Pai, que se cala e com isso revela todo o seu Mistério. Jesus não tem nada a que se agarrar.

Pelos critérios humanos, fracassou completamente. Sua própria certeza interior se esvaiu. Apesar de o chão desaparecer debaixo de seus pés, Ele continua a confiar no Pai. Por isso grita fortemente: "Meu Deus, meu Deus!" No auge do desespero Jesus se entrega ao Mistério verdadeiramente sem nome. Ele será a sua única esperança e segurança. Não possui mais nenhum apoio em si mesmo, somente em Deus. A absoluta esperança de Jesus só é compreensível no pressuposto de sua absoluta desesperança.

A grandeza de Jesus também consistiu em suportar e vencer essa terrível tentação, que lhe propiciou um despojamento total de si mesmo, um estar nu e um absoluto vazio. Só assim a morte é real e completa; no dizer do Credo, um "descer aos infernos" da existência, sem que ninguém o possa acompanhar. A partir de agora ninguém mais estará só na sua morte, pois o inferno foi visitado pelo Ressuscitado e Ele estará sempre a seu lado.

As últimas palavras de Jesus mostram a sua entrega; não resignada e fatal, mas livre: "Pai, em tuas mãos entrego o meu espírito" (Lc 23,46). "Tudo está consumado!" (Jo 19,30). "E dando um forte brado, Jesus expirou" (Mc 15,37).

3 A ressurreição: a resposta do Pai à fidelidade de Jesus

Este total vazio é pré-condição para uma total plenitude; ela veio por sua ressurreição. Esta não é a reanimação de um cadáver, como a de Lázaro, mas a irrupção do homem novo, cujas virtualidades latentes implodem e explodem em plena realização.

Agora o Crucificado é o Ressuscitado, presente em todas as coisas; o Cristo cósmico das epístolas de São Paulo e de Teilhard de Chardin. Mas sua ressurreição ainda não se completou; enquanto seus irmãos e irmãs continuam crucificados, a plenitude da ressurreição está em processo e ainda tem futuro. Como ensina São Paulo, "Ele é o primeiro entre muitos irmãos e irmãs" (Rm 8,29; 2Cor 15,20).

Por isso, mesmo como sua presença de ressuscitado, Ele acompanha a via-sacra de dores de seus irmãos e irmãs, humilhados e ofendidos, nos hospitais e nas UPAs mal-apetrechadas.

Ele está sendo crucificado nos milhões que passam fome a cada dia nas favelas, naqueles submetidos a condições inumanas de vida e de trabalho. Crucificado naqueles que nas UTIs estão lutando, sem ar, contra o coronavírus. Crucificado naqueles que nas periferias não têm água e álcool em gel para se imunizar do vírus, nos marginalizados dos campos e das cidades, nos discriminados por serem negros, indígenas, quilombolas, pobres e por serem de outra opção sexual.

Continua crucificado nos perseguidos por causa da sede de justiça nos fundos de nosso país, nos que jogam sua vida na defesa da dignidade humana, especialmente dos feitos invisíveis. Crucificado em todos os que lutam, sem sucesso imediato, contra sistemas que arrancam o sangue dos trabalhadores, delapidam a natureza e produzem profundas chagas no corpo da Mãe Terra.

Não há estações suficientes nesta via dolorosa que possam retratar todas as formas pelas quais o Crucificado/Ressuscitado continua sofrendo em solidariedade com todos os afetados pelo Covid-19 ou com os que estão morrendo sem ar nas UTIs.

Mas ninguém está só; caminha, sofre e ressuscita em todos esses seus companheiros de tribulação. Cada um que se cura do coronavírus ressuscita para a vida e agradece feliz. Unidos ao sofrimento e à ressurreição de Jesus, os portadores da fé cristã que perderam entes queridos podem se sentir acolhidos e fortalecidos.

Cada vitória sobre o coronavírus, cada vida salva são sinais de ressurreição. O Cristo ressuscitado enxuga as lágrimas, dá conforto e mantém viva a esperança de que um mais Forte, Deus e Cristo vencem um forte que é a morte. Esta nunca terá a última palavra. A página final será escrita pela vida. Este é o desígnio do Criador e o dom que o Cristo ressuscitado oferece a cada um que morre.

III

Páscoa: promessa de ressurreição às vítimas do coronavírus

Como celebrar a páscoa, a vitória da vida sobre a morte – mais ainda, a irrupção do homem novo, no contexto de uma Sexta-feira Santa de Paixão, de dor e de morte, que não sabemos quando acaba – sob o ataque do coronavírus a toda a Humanidade e fortemente em nosso país?

Pesarosos, mesmo dentro desta pandemia, cabe celebrar a páscoa com reservada alegria. Ela não é apenas uma festa cristã, mas responde a uma das mais ancestrais utopias humanas: o irromper do ser humano novo.

Em todas as culturas conhecidas, desde a antiga epopeia mesopotâmica de Gilgamés, passando pelo mito grego de Pandora e chegando à utopia da Terra sem Males dos tupi-guarani, sempre existiu a percepção de que o ser humano assim como o conhecemos deve ser superado. Ele não está pronto. Ainda não acabou de nascer. O verdadeiro ser humano está latente dentro dos dinamismos da cosmogênese e da antropogênese. Comparece como um projeto infinito, portador de potencialidades incontáveis que forcejam por irromper. Intui que só será plenamente humano, um ser novo, quando tais potencialidades se realizarem em plenitude.

Todos os seus esforços, por maiores que sejam, esbarraram num limite intransponível: a morte. Mesmo ao mais velho chegará o dia em que irá morrer. Alcançar uma imortalidade biológica, conservadas as atuais condições espaçotemporais, como alguns propõem, seria um verdadeiro inferno: buscar realizar o infinito dentro de si e encontrar apenas finitos que nunca o saciam. Seria sentir uma sede terrível sem ter acesso a um copo de água. Sempre estaria na espera. Talvez o espírito mataria o corpo para poder realizar o infinito de seu desejo.

Mas eis que um homem se levanta na Galileia, Jesus de Nazaré, e proclama: "O tempo da espera se esgotou. Aproximou-se a nova ordem a ser introduzida por Deus. Revolucionai-vos em vosso modo de pensar e de agir. Crede nessa alvissareira notícia" (cf. Mc 1,15; Mt 4,17).

Conhecemos a saga trágica do profético Pregador: "veio para o que era seu e os seus não o receberam" (Jo 1,11). Ele que "passou pelo mundo fazendo o bem" (At 10,39) foi rejeitado e acabou pregado na cruz.

Mas eis que, três dias após, mulheres foram, bem de madrugada, ao sepulcro e ouviram uma voz: "Por que procurais entre os mortos quem está vivo? Jesus não está aqui. Ressuscitou" (Lc 24,5; Mc 16,6). Quando Maria Madalena escuta a voz de seu amado Jesus, exclama: "*Raboni*", que quer dizer Mestre. Foi para uma mulher que o Ressuscitado se mostrou, pois ela, junto com outras, nunca o traíram, como fizeram os apóstolos, a começar com Pedro. Elas foram as apóstolas para os apóstolos.

1 A ressurreição é a realização de um sonho da Humanidade: a plenitude da vida

Eis o fato novo e sempre esperado: a alvissareira notícia se realizou. De um crucificado emergiu um ressuscitado, um ser novo. É o sentido da páscoa, a festa central do cristianismo. Seus seguidores logo entenderam que o Ressuscitado era a realização do sonho ancestral da Humanidade; acabou a espera. Agora é o tempo da vida plena sem a morte; livre do espaço, do tempo e dos condicionamentos humanos o Ressuscitado aparece, desaparece, está presente com os andantes de Emaús, mostra-se na praia e come com os apóstolos, sendo reconhecido ao partir o pão.

Os apóstolos não sabem como defini-lo. São Paulo, o maior gênio do pensamento cristão, escolheu a palavra certa: "*Ele é o Adão novíssimo*" (1Cor 15,45). O Adão não mais submetido à morte, mas aquele que deixou para trás o velho Adão mortal.

Como que zombando, São Paulo provoca: "Ó morte, onde está a tua vitória? Onde está o espantalho com o qual amedrontavas os homens? A morte foi tragada pela vitória de Cristo (1Cor 15,55).

2 Como é um corpo ressuscitado?

Define-o como tendo "um corpo espiritual" (1Cor 15,44); vale dizer, é concreto e reconhecível como o corpo humano, mas de forma diferente, com as qualidades do espírito. O espírito possui uma dimensão cósmica; está no corpo, mas também, com o pensamento e a imaginação, nas estrelas mais distantes e no coração de Deus. O espiritual é entendido também como a maneira de ser própria de Deus. Ele está em tudo, move todas as coisas e enche o universo.

Num texto antigo, dos anos 50, do evangelho apócrifo de São Tomé, o Ressuscitado diz belamente: "levante a pedra e eu estou debaixo dela, rache a lenha e eu estou dentro dela, pois estarei convosco todos os dias até a plenitude dos tempos". Levantar uma pedra exige força, cortar lenha demanda esforço. Mesmo ali está o Ressuscitado, nas coisas mais comezinhas de nosso cotidiano.

Mesmo naqueles que estão lutando entre a vida e a morte nas UTIs, nos parentes que choram seus entes queridos, que partem sem poder se despedir deles, aí está o Ressuscitado que um dia foi crucificado. Ele promete a ressurreição a todos os que morrem. Como dizia um grande poeta latino-americano: "Morrer é fechar os olhos para ver melhor". Os falecidos veem a plena realidade divina, amorosa e infinitamente bondosa. Encontraram seus entes queridos e seus amigos.

Em suas epístolas, especialmente aos Efésios e aos Colossenses, São Paulo desenvolveu uma verdadeira cristologia cósmica. Ele "é tudo em todas as coisas" (Cl 3,12); "a cabeça de todas as coisas" (Ef 1,10). O mesmo disse no século XX, na linguagem da moderna cosmologia, o paleontólogo e pensador Pierre Teilhard de Chardin: Jesus, de simples homem, sofrido e crucificado, foi transformado no Cristo cósmico que enche todo o universo e está presente em seus irmãos e irmãs que estão a caminho da ressurreição.

Devemos compreender corretamente a ressurreição. Não se trata da *reanimação* de um cadáver, como aquele de Lázaro que voltou ao que era antes e acabou morrendo. Ressurreição é a *realização plena* de todas as potencialidades absconditas dentro da realidade humana. A morte já não possui qualquer domínio.

Efetivamente é o nascimento terminal do ser humano, como se ele tivesse chegado na culminância do processo evolutivo ou o tivesse antecipado. Na forte expressão de Teilhard de Chardin, o Ressuscitado explodiu e implodiu para dentro de Deus.

A páscoa é a inauguração do ser humano novo, plenamente realizado, e isso vale para todos os humanos. Portanto, tal evento bem-aventurado não é exclusivo de Jesus. São Paulo nos assegura que nós participamos dessa ressurreição: "Ele é a antecipação dos que morrem" (1Cor 5,20), "o primeiro entre muitos irmãos e irmãs" (Rm 8,29).

3 A nossa ressurreição na morte

Por essa razão dizemos que, quando alguém morre, chegou para ele o fim do mundo, e o fim do mundo é quando realiza a ressurreição dos mortos. E o que ocorre com os falecidos pelo coronavírus? Não apenas a alma entra no céu; entra o ser humano inteiro, com corpo e alma. Nele acontece a ressurreição. Essa ideia deve consolar todos aqueles que perderam seus queridos. Eles vivem ressuscitados em Deus, e de lá olham e acompanham todos os que deixaram neste mundo e os esperam. Juntos viverão eternamente felizes junto à fonte da vida eterna com Deus, os santos e santas, e especialmente com os familiares que os antecederam.

4 A ressurreição como insurreição

Ainda há uma última questão que merece ser contemplada. A ressurreição pode trazer um raio de luz: por que os mais pobres e inocentes são as principais vítimas do Covid-19? Que sentido tem a morte violenta dos que tombaram pela causa da luta pelos direitos humanos, especialmente dos mais vulneráveis como os pobres e os povos originários na Amazônia e em outras partes do país como a Irmã Doroty Stang, Margarida Moreira Alves, Chico Mendes, Pe. Josimo e tantos outros? Que futuro têm aqueles proletários, camponeses, índios, sequestrados, torturados, assassinados pelos órgãos de segurança dos regimes despóticos e totalitários, como os nossos da América Latina, especialmente no Brasil, e que continuam nas periferias pelo impulso à violência dada pelo atual presidente, fã de torturadores e promotor de ódio contra os mais marginalizados da sociedade? Por quê? Por quê?

Geralmente a história é contada pelos que triunfaram e na perspectiva de seus interesses. A nossa, a brasileira, foi escrita pela mão branca. Só com o historiador mulato Capistrano de Abreu apareceu a mão negra e mulata. O sofrimento dos vencidos, quem o honrará? Seus gritos caninos que sobem aos céus, quem os escutará?

A ressurreição de Jesus pode nos oferecer alguma resposta. Pois, quem ressuscitou foi um desses derrotados e crucificados, Jesus; feito servo sofredor e condenado à vergonha da crucificação.

Quem ressuscitou não foi um César no auge de sua glória, nem um general no apogeu de seu poderio militar, nem um sábio na culminância de sua fama, nem um sumo sacerdote com perfume de santidade. Quem ressuscitou foi um Crucificado, executado fora dos muros da cidade, como lembra a Carta aos Hebreus; quer dizer, na maior exclusão e infâmia social.

Mas foi Ele que herdou as primícias da vida nova, pois a ressurreição não é a reanimação de um cadáver como aquele de Lázaro; a ressurreição é a floração plena de todas as virtualidades latentes dentro de cada ser humano. Ela revela o sentido terminal da vida: a irradiação suprema do *homo absconditus* (o humano escondido) que agora se faz o *homo revelatus* (o humano revelado).

A ressurreição de Jesus mostrou que Deus tomou o partido dos vencidos; o algoz não triunfa sobre sua vítima. Deus ressuscitou a vítima, e com isso não defraudou nossa sede por um mundo finalmente justo e fraterno, que coloca a vida no centro, e não o lucro e os interesses dos poderosos. Só ressuscitando os vencidos fazemos justiça a eles e lhes devolvemos a vida roubada, vida agora transfigurada. Sem essa reconciliação com o passado perverso a história permaneceria um enigma e até um absurdo.

Os injustamente executados voltarão com a bandeira branca da vida. O verdadeiro sentido da ressurreição se mostra como insurreição contra as injustiças deste mundo que condena o justo e dá razão ao criminoso.

Agora pode começar uma nova história, com um horizonte aberto a um futuro promissor para a vida, para a sociedade e para a Terra. Dizem historiadores que o mundo antigo não conhecia o sorriso. Mostrava a gargalhada do deus Baco ou o riso maldoso do deus Pan. O sorriso, comentam, foi introduzido pelo cristianismo por causa da alegria da Ressurreição. Só pode sorrir verdadeiramente quando se exorciza o medo e se sabe que a grande palavra final é vida, e não morte. O sorriso, portanto, é filho da Ressurreição, que celebra a vitória da vida sobre a morte, testemunha o encantamento sobre a frustração e proclama o amor incondicional sobre a indiferença e o ódio.

Este fato é religioso e somente acessível mediante a ruptura da fé. Admitindo que a ressurreição realmente aconteceu intra-historicamente, então seu significado transcende o campo religioso. Ganha uma dimensão existencial, social e cósmica. Na expressão de Teilhard de Chardin, a ressurreição configura um *tremendous* de dimensões evolucionárias, pois representa uma revolução dentro da evolução.

Se o cristianismo tem algo singular a testemunhar, então é isso: a ressurreição como uma antecipação do fim bom do universo e a irrupção dentro da história ainda em curso do "*novissimus Adam*" como São Paulo chama a Cristo: o "Adão novíssimo". Portanto, não é a saudade de um passado, mas a celebração de um presente.

Depois disso, cabe apenas se alegrar, festejar, ir pelos campos para abençoar os solos e as semeaduras como o faz ainda hoje a Igreja Ortodoxa na manhã de Páscoa. Entoemos, pois, o Aleluia da vida nova que se manifestou dentro do velho mundo.

À luz dessa festa pascal podemos dizer que a alternativa cristã é esta: ou a vida ou a ressurreição. Alegremente afirmamos e reafirmamos: *não vivemos para morrer; morremos para ressuscitar.* Todos os que partiram vítimas do coronavírus estão vivos e ressuscitados em Deus. Como há uma profunda comunhão entre os vivos e os mortos, eles estão presentes em nossa caminhada neste mundo, no qual não haverá mais choro, nem lágrima, porque tudo isso passou. Haverá a alegria da vida ressuscitada junto com todos os bem-aventurados no céu.

IV

Pentecostes: vem, Espírito de vida, e salva as vítimas do coronavírus

Todos nos sentimos perdidos, pesquisadores, médicos e médicas, epidemiologistas, biólogos e portadores dos demais saberes disponíveis. Para todos, o Covid-19 representa um desafio. Não sabemos como enfrentá-lo eficazmente com a descoberta de uma vacina. Oxalá não seja o que alguns biólogos, há muito, temem: o NBO (*Next Big One*): "o próximo grande" vírus que atingirá milhões da espécie humana.

Além do Covid-19 e dos vários vírus já conhecidos, enfrentamos tempos ecologicamente ameaçadores, com o aquecimento global, a sexta extinção em massa, a erosão da biodiversidade e outras.

I A inteligência espiritual

Pela inteligência racional inventamos e manejamos os meios científicos que, face ao Covid-19, estão nos deixando desamparados. Mas dispomos também de um outro tipo de inteligência, de outra ordem, que completa a racional: a *inteligência espiritual*.

É por meio dela que captamos o que atua no interior dos processos da natureza e da vida, intuímos aquela Energia Criadora que tudo penetra e sustenta e que chamamos de Espírito Criador. Ela pertence também à nossa realidade, quando entendida dentro do grande processo da evolução e dentro de uma perspectiva holística.

Este Espírito Criador responde pelo surgimento do universo com seus bilhões de galáxias e trilhões de estrelas e planetas como a nossa Terra; Ele é aquele que existia antes do antes e que fez surgir aquele ínfimo ponto, carregado de energia e que, explodindo (*Big Bang*), deu origem ao universo. Ele continua presidindo todo o processo cosmogênico, todas as formas de vida como a nossa. Ele emerge como o *Spiritus Creator, o Pneuma, o Sopro de Vida*. Nas línguas médio-orientais, Ele é sempre feminino, ligado à mulher, que gera.

Nestes momentos de temor e angústia por causa do coronavírus é ocasião de invocá-lo e suplicar-lhe: "Tu que és Fonte de Vida, salva nossas vidas, a vida de nossos entes queridos, a vida dos mais vulneráveis, a vida de todos os afetados do mundo inteiro".

2 O Espírito: criador e ordenador de todas as coisas

Ele, diz o Gênesis logo no início, pairava sobre o *touwabou* (em hebraico), o caos originário; dele tirou todas as coisas e as colocou em sua devida ordem, no céu e na terra, e, por fim, nós seres humanos, homens e mulheres.

Alargando o horizonte, é importante reconhecer que a nossa Terra e a natureza estão ameaçadas para além dos efeitos letais do Covid-19. A ameaça não vem de algum meteoro rasante como há 65 milhões de anos, que exterminou os dinossauros depois de viverem por mais de 100 milhões de anos sobre a Terra.

O meteoro rasante atual se chama *homo sapiens e demens*, duplamente *demens* (inteligente e demente e duplamente demente). Por sua relação agressiva para com a Terra e para com todos os seus ecossistemas pode danificar as condições que garantem a vida humana, toda a comunidade de vida e até destruir nossa civilização afetando gravemente toda a biosfera.

Em razão dessas sistemáticas agressões a Terra está reagindo, e assim, em meu entendimento, devemos compreender a presença do coronavírus.

É num contexto assim que refletiremos sucintamente e invocaremos a ação sanadora e recriadora do Espírito Santo. Nossas fontes referenciais são os textos dos dois Testamentos judaico-cristãos e a experiência humana, cujo espírito é animado pelo Espírito Criador, chamado pela liturgia de "luz beatíssima que lava o que é sórdido, que irriga o que é árido e sana o que está doente". Esta energia do Espírito pode atuar naqueles internados nos hospitais por causa do Covid-19, pode saná-los e devolver-lhes a vida sadia.

Pensar o Espírito Santo nos obriga a ir além das categorias clássicas com as quais se elaborou o discurso ocidental, tradicional e convencional da teologia. Deus, Cristo, a graça e a Igreja foram pensados dentro de categorias metafísicas da filosofia grega, de substância, de essência e de natureza. Portanto, por algo estático e sempre já circunscrito de forma imutável. Esse paradigma foi feito oficial pela teologia e filosofia cristãs.

Entretanto, pensar o Espírito implica assumir outro paradigma: o do movimento, da ação, do processo, da emergência, da história e do novo, do surpreendente. Este não pode ser apreendido pela terminologia substancialista, mas pela do *vir a ser*.

3 O Espírito é vida, movimento e transformação

Esse paradigma nos aproxima da moderna cosmologia e da física quântica. Estas veem todas as coisas em gênese, emergindo a partir de um Fundo de Energia Inominável, Misteriosa e Amorosa que está antes do antes, no tempo e no espaço zero. Ela sustenta o universo e todos os seres nele existentes, e penetra de ponta a ponta o cosmos e nos penetra totalmente. Essa Energia de Fundo, chamada também de o Abismo Originador de todo o ser, é a melhor metáfora do Espírito Criador, que é tudo isso e ainda mais. O Espírito Santo, tão celebrado em tantas igrejas no Brasil, deve ser especialmente invocado contra a destruição de vidas pelo vírus letal. O Espírito Santo é infinitamente mais forte do que esse vírus. Com o auxílio de todos os recursos médicos é possível reforçar e acelerar a cura de suas vítimas.

Redizer o terceiro artigo do Credo cristão (*"Creio no Espírito Santo"*) nestes novos moldes significa uma tarefa nova, cientes de que ficamos sempre aquém daquilo que deveríamos dizer sobre o Espírito Criador.

Finalmente, cabe reconhecer que tocamos no mistério do Espírito Santo. Esse mistério não se opõe ao conhecimento, pois o mistério é o ilimitado de todo conhecimento. Este sempre conhece mais e mais, mas o mistério permanece em todo o conhecimento. Esse conhecimento, por natureza, é sempre limitado; nele, o mistério se revela, mas também se vela.

A missão dos que se entregam à sua reflexão sistemática como os teólogos e as teólogas – também os filósofos, como F. Hegel, cuja categoria central é o Espírito Absoluto – é buscar incessantemente essa irrupção do Espírito.

É próprio do Espírito esconder-se dentro dos processos evolucionários e da história, e próprio do ser humano descobri-lo. Ele "sopra onde quer, e não sabemos nem de onde vem nem para onde vai" (cf. Jo 3,8). Mas isso não nos exime da tarefa de desocultá-lo e sempre invocá-lo, pois Ele atua dentro do universo, especialmente dentro da vida, de modo especial daquela mais ameaçada como agora sob o domínio do Covid-19.

4 O Espírito atua no espírito dos pesquisadores

É o que esperamos ardentemente, que este Espírito se manifeste e inspire os espíritos de nossos pesquisadores e epidemiologistas para que descubram uma vacina que salve nossas vidas. E quando, através da pesquisa deles, Ele irromper surpreendentemente, nos alegraremos e celebraremos, ébrios de gratidão por sua ação mediada pelo espírito humano.

A Festa de Pentecostes, uma das maiores das Igrejas cristãs, é uma festa sem fim, pois o Espírito está em permanente ação, prolonga-se ao longo e ao largo de toda a história e nos alcança até nos dias em que sofremos, nos angustiamos e tememos a letalidade do coronavírus.

O *Spiritus Creator* nunca abandonou sua criação, mesmo nas 15 grandes dizimações pelas quais ela passou. Também não abandona agora todos aqueles que estão sofrendo sob a ação dolorida do Covid-19, e consola os parentes e amigos, pois a Igreja o chama de *Consolator optime* (Consolador eficaz). Fazemos nossa a oração cristã: *Veni Creator Spiritus et salva nos.*

V

Cuidar do próprio corpo e o dos outros em tempos de coronavírus

Nestes tempos dramáticos sob o ataque do coronavírus sobre nossas vidas, sobre nossos corpos, nada mais oportuno do que fazer uma reflexão mais aprofundada sobre o que é o nosso corpo e como devemos, agora mais do que antes, cuidar dele e dos corpos dos outros, nossos entes queridos e amigos.

Para isso, importa enriquecermos nossa compreensão de corpo, porque aquela herdada dos gregos e ainda vigente na cultura dominante o considera como uma parte do ser humano, a material, ao lado da outra parte, a alma, espiritual.

O ser humano seria um *composto de corpo e alma*. Ao morrer, o corpo seria devolvido à Terra enquanto que a alma passaria para a eternidade. Essa compreensão não capta adequadamente o corpo humano; por isso, convém enriquecê-la à luz da nova antropologia.

1 O que é o corpo humano

Tanto a antropologia bíblica quanto a antropologia contemporânea (e há muita afinidade entre elas) nos apresentam uma

83

concepção de corpo mais complexa e holística. Segundo esta, o corpo não é algo que temos, mas algo *que somos*. Falamos então de homem-corpo, todo inteiro mergulhado no mundo e relacionado em todas as direções.

O ser humano apresenta-se primeiramente como corpo vivo, e não um cadáver, uma realidade bio-psico-energética-cultural, dotada de um sistema perceptivo, cognitivo, afetivo, valorativo, informacional e espiritual.

Ele é feito dos materiais cósmicos que se formaram desde o início do processo da cosmogênese há 13,7 bilhões de anos, da biogênese, há 3,8 bilhões de anos, da antropogênese, há 7-8 milhões de anos, e do homem contemporâneo, há 100 mil anos. É portador de 400 trilhões de células, continuamente renovadas por um sistema genético que se formou ao largo de 3,8 bilhões de anos (é a idade da vida). Vem habitado por 1 quatrilhão de micróbios (cf. COLLINS, F.S. *A linguagem da vida* – O DNA e a revolução na sua saúde. São Paulo: Gente, 2010, p. 200), munido de três níveis do único cérebro com 50 a 100 bilhões de neurônios.

O mais ancestral é o *reptiliano*, surgido há 250 milhões de anos e responde por nossas reações instintivas, como o abrir e fechar os olhos, as batidas do coração e outras, ao redor do qual se formou o cérebro *límbico* há 225 milhões de anos, que explica nossa afetividade, amor e cuidado e, por fim, completado pelo cérebro *neocortical*, que irrompeu há cerca de 7-8 milhões de anos, e o nosso cérebro atual, do *homo sapiens*, há cerca de 100 mil anos, com o qual organizamos conceitualmente o mundo e nos abrimos à totalidade do real.

A corporalidade é uma dimensão do sujeito humano concreto. Isto quer dizer: na realidade, nunca encontramos um espírito puro, mas sempre e em todo o lugar um espírito encarnado. Pertence ao espírito sua corporalidade e com isso sua permanente relação com todas as coisas. Como pertence ao corpo concreto o espírito que o penetra. Como homem-corpo emergimos qual nó de relações universais, a partir de nosso estar-no-mundo-com-os-outros.

Este estar-no-mundo-com-os-outros não possui uma dimensão geográfica nem acidental, mas essencial. Quer dizer, em cada momento e em sua totalidade o ser humano é corporal e simultaneamente, em sua totalidade, é espiritual. Somos um corpo espiritualizado como somos também um espírito corporizado. Essa unidade complexa do ser humano nunca poderá ser esquecida.

Dessa forma, os atos espirituais mais sublimes ou os voos mais altos da criação artística ou da mística vêm marcados pela corporalidade. Como os mais comezinhos atos corporais como comer, lavar-se, dirigir um carro vêm penetrados de espírito. É o corpo e o espírito se realizando dentro da matéria, e o espírito é a transfiguração da matéria.

Nesse sentido podemos dizer que o espírito é visível. Quando olhamos, por exemplo, um rosto, não vemos apenas os olhos, a boca, o nariz e o jogo dos músculos. Surpreendem também alegria ou angústia, resignação ou confiança, brilho ou abatimento. O que se vê, pois, é um corpo vivificado e penetrado de espírito. De forma semelhante, o espírito não se esconde atrás do corpo. Na expressão facial, no olhar, no falar, no modo de estar presente, e mesmo no silêncio, é revelada toda a realidade do espírito.

2 As forças de autoafirmação e de integração

Por outro lado, importa entender que, biologicamente, somos seres carentes. Não somos dotados de nenhum órgão especializado que nos garantisse a sobrevivência ou nos defendesse dos riscos, como ocorre com os animais. Um patinho nasce e já sai nadando. O ser humano, não; ele precisa aprender. Somos inteiros, mas ainda não somos completos, sempre estamos nos fazendo.

Tal verificação tem como consequência que precisamos continuamente garantir a nossa vida, mediante o trabalho e a responsável e não destruidora intervenção na natureza. Desse esforço nasce a cultura, que organiza de forma mais estável as condições infraestruturais e também humano-espirituais para vivermos humanamente.

Acresce ainda que vigoram duas forças em cada um de nós. A primeira é a *força da autoafirmação*; a segunda, a *força da integração*. Elas atuam sempre juntas, num equilíbrio difícil e sempre dinâmico.

Pela *força da autoafirmação* cada um centra-se em si mesmo, e seu instinto é conservar-se, defendendo-se contra todo tipo de ameaça à sua integridade e à sua vida. Defende-se ao ser ameaçado de morte. Ninguém aceita simplesmente morrer; luta-se para continuar a viver. Essa força explica a persistência e a subsistência de cada indivíduo; é autoafirmação.

Pela *força da integração* cada um se integra numa rede de relações com outros, pois sozinho correria o risco de não sobreviver. Cada um naturalmente se integra num todo maior, na família, na comunidade e na sociedade. Assim, é mais fácil sobreviver.

O universo, os reinos, as espécies e também os seres humanos se equilibram entre essas duas forças, a da autoafirmação do indivíduo e a da integração deste num todo maior. Mas esse processo não é linear e sereno; ele é tenso e dinâmico. O equilíbrio das forças nunca é um dado, mas um feito, algo a ser alcançado a todo o momento.

É aqui que entra o cuidado. Se não cuidarmos, ou pode-se prevalecer a autoafirmação do indivíduo às custas da integração, predominando o eu, o individualismo, o autoritarismo e a imposição; ou pode-se prevalecer a integração, o *nós*, a preço do enfraquecimento e até anulação do *eu*, do indivíduo, e, assim, imperando a hegemonia, o coletivismo e o achatamento das individualidades.

O sistema do capital acentuou mais o primeiro momento, o do eu e do individualismo. O socialismo enfatizou mais o nós, o social e comunitário. Ambos são unilaterais. Por isso, nunca deram certo; não encontraram o equilíbrio entre o eu e o nós.

Precisamos do cuidado, que se traduz na justa medida e na autocontenção para não privilegiar nem o eu nem o nós. Faz-se necessário mantermos sempre presentes as duas forças, mesmo em tensão, pois dessas forças alcançamos o equilíbrio.

Para contrabalançá-las foi projetada a *democracia*, que procura incluir e articular o eu com o nós; na qual cada indivíduo, cada eu pode participar com outros e criar o *nós social*. Dessa convivência entre o eu e o nós nasce a busca do bem comum. Democracia é participação de todos, na família, na comunidade, nas organizações e na forma de organizar o Estado. É um valor universal a ser sempre vivido, alimentado e expandido.

Qual é o desafio que se dirige ao ser humano? É o cuidado de buscar o equilíbrio construído conscientemente e fazer dessa busca um propósito e *uma atitude de base*.

Portador de consciência e de liberdade, o ser humano possui essa missão que o distingue dos demais seres. Só ele pode ser *um ser ético*, um ser que cuida e se responsabiliza por si (eu) e pelo destino dos outros (nós). Ele pode ser hostil à vida, oprimir e devastar. Também pode ser um anjo bom, guardador e protetor de todo o criado. Depende de seu empenho em cuidar ou deixar que forças obscuras e incontroláveis assumam o curso da vida.

Por causa de sua liberdade ele não está submetido à fatalidade do dinamismo das coisas, mas pode intervir e salvar o mais fraco, impedir que uma espécie desapareça ou criar condições que diminuam o sofrimento.

No lugar da lei do mais dotado e forte, ele propõe a lei do cuidado do menos dotado e mais fraco. Só ele pode fazer isso, e por essa razão ele foi constituído como guardião dos seres, o jardineiro que cuida e guarda o Jardim do Éden (Terra). Ele emerge como o cuidador das criaturas que mais precisam de condições de vida e de inserção no todo. Dessa forma, assegura um futuro para o maior número de pessoas; coisa que, por exemplo, o capitalismo existente não consegue fazer.

3 Como cuidar do próprio corpo

Depois desta longa introdução surge a pergunta: Como cuidar de nosso corpo? Este é ponto fundamental neste momento, no qual devemos acolher o isolamento social, o distanciamento do outro, o uso do álcool em gel e de máscara para nos proteger do coronavírus e proteger igualmente os outros de contágio.

Antes de mais nada, impõe-se um esforço de aceitar nossa condição humana, frágil e vulnerável ao ataque do vírus. Neste momento é dever nos protegermos com máscara quando saímos de casa e lavarmos continuamente as mãos com sabão ou utilizarmos álcool em gel. O homem-corpo exige todos esses cuidados, especialmente neste momento dramático de nossa vida.

Faz-se mister opor-se conscientemente aos dualismos que a cultura persiste em manter; por um lado, o "corpo", desvinculado do espírito, e por outro, o "espírito" desmaterializado de seu corpo.

O *marketing* explora essa dualidade apresentando o corpo não como a totalidade do humano, mas sua parcialização: seu rosto, seus seios, seus músculos, suas mãos, seus pés; enfim, suas partes.

As principais vítimas dessa retaliação são as mulheres – embora não as únicas –, pois a visão machista se refugiou no mundo midiático da propaganda, usando partes da mulher (seu rosto, seus olhos, seus seios, seu sexo...) para fazer dela um "objeto de cama e mesa". Devemos nos opor a essa deformação cultural.

Importa também recusar o mero "culto do corpo" pelo sem--número de academias e outras formas de trabalho sobre a dimensão física, como se o homem-corpo fosse uma máquina destituída de espírito, buscando *performances* musculares que não conhecem limites. Com isso não queremos desmerecer os benefícios que representam as academias para a saúde do corpo.

Complementando estas considerações, cabe enfatizar a alimentação equilibrada e sadia, as vantagens inegáveis dos exercícios de ginástica, as massagens que revigoram o corpo e fazem fluir as energias vitais; particularmente, as práticas orientais, entre elas o yoga, para fortalecer a harmonia corpo-mente.

Positivamente cuidamos do corpo regressando para onde, durante séculos, nos exilamos: a natureza e a relação benigna para com o todo da Terra. Isso significa estabelecer uma relação de *biofilia*, de amor à vida e de uma sensibilização para com os animais, as flores (rosas e plantas), os climas, paisagens; enfim, para com a Terra.

Quando o globo terrestre é mostrado a partir do espaço exterior com belas imagens transmitidas pelos grandes telescópios ou pelas naves espaciais, irrompe em nós um sentido de reverência, de respeito e de amor pela nossa Casa Comum, a nossa Grande Mãe, de cujo útero todos viemos. Sentimo-nos humildes quando contemplamos a Terra como um pálido ponto azul – última foto dela tirada antes de deixar o sistema solar e penetrar no infinito espaço sideral.

Talvez o desafio maior para o homem-corpo consista em lograr um equilíbrio entre a autoafirmação, sem cair na arrogância e no rebaixamento dos outros, e entre a integração no todo maior, da família, da comunidade, do grupo de trabalho e da sociedade, sem deixar-se massificar e cair no adesismo acrítico.

O cuidado em nossa inserção no estar-no-mundo-com-outros envolve nossa dieta: o que comemos e bebemos. Fazer do comer mais do que um processo de nutrição, mas um rito de comunhão com os frutos da generosidade da Terra. Assim, cada refeição é uma celebração da vida. Aqui entra o cuidado que se traduz numa vida saudável e como precaução contra eventuais enfermidades que nos podem advir pelos alimentos quimicalizados, pelo ar contaminado, pelas águas maltratadas, pela geral intoxicação do ambiente.

4 Cuidar do corpo dos outros, dos pobres e da Terra

A maioria da Humanidade empobrecida carrega os corpos enfermos, emagrecidos e deformados por demasiadas carências. Há uma Humanidade-corpo faminta, sedenta, desesperada pelo excesso de trabalho explorado e pela humilhação de ser tratada como carvão a ser consumido no processo produtivo.

Cuidado para com os corpos dos afetados pelo Covid-19, enfraquecidos e mal podendo respirar. Estar junto deles enquanto pudermos para dar-lhes coragem e vontade de superação.

Jamais desviar a vista dos condenados da Terra, com negação e desprezo, como ocorre na nossa tradição escravagista; mas considerá-los como coiguais, com a mesma dignidade e direitos.

Socialmente é lutar por políticas públicas, como foram feitas pelos projetos sociais da "Fome Zero", "Luz para Todos", "Minha Casa, minha Vida", com a agricultura ecológica e familiar e outros, como as cozinhas comunitárias, como as UPAs e as iniciativas que organizam a solidariedade social, para que todos possam ver realizado seu direito à saúde e poderem comer o suficiente e decente a cada dia.

Importante no sentido de uma pedagogia libertadora é contribuir para que os próprios carentes, como sujeitos, se organizem, e com sua pressão sobre o poder público e contra as discriminações sociais garantam as bases que sustentam a vida. Mas não apenas saciar a fome de pão, sempre necessária e limitada, mas também sua fome de beleza, de reconhecimento, de respeito, de comunhão, de transcendência, sempre aberta ao todo e ilimitada.

Cuidar do corpo social é uma missão política que exige uma crítica implacável contra um sistema de relações que trata as pessoas como coisas e lhes negam o acesso aos *commons,* aos bens comuns de todos os seres humanos, como o alimento, a água, um pedaço de chão, o tratamento de esgoto e de lixo, a saúde, a moradia, a cultura e a segurança. Combater todo tipo de racismo, especialmente contra os negros e pardos, que totalizam cerca de 54,5% de nossa população, contra os quilombolas e os indígenas.

Na verdade, aqui se imporia uma verdadeira revolução humanitária. Mas não basta querê-la; há necessidade de condições histórico-sociais que a viabilizem e a tornem vitoriosa. É a utopia mínima a ser realizada, até mesmo por um mínimo senso humanitário. Muitas pessoas são contaminadas pelo coronavírus porque não possuem condições sanitárias, convivendo com esgoto a céu aberto e não tendo acesso a água tratada.

Hoje, mais do que em outras épocas, urge cuidar do corpo da Mãe Terra, marcado por chagas que não se fecham. Há devastações inimagináveis no reino animal, vegetal, nos solos e subsolos, e nos mares.

Sustento a compreensão de que possivelmente o coronavírus seja uma reação da Mãe Terra contra a sistemática violência sofrida continuamente por nós.

Ou cuidamos do corpo da Mãe Terra ou corremos o risco de ela não nos querer mais sobre o seu solo. Cuidar do corpo da

Terra é cuidar dos dejetos, da limpeza das ruas, das praças, das águas, das plantas, do ar, dos transportes; interessar-se por tudo o que diz respeito sobre seu Estado, acompanhando pelos meios de comunicação como está sendo tratado, agredido ou curado.

Por fim, seja-nos permitido recordar a mensagem cristã que, pela encarnação, o Filho de Deus santificou o corpo e também o eternizou. A ressurreição do homem das dores, chagado e crucificado, vem confirmar que o fim dos caminhos de Deus não é um "espírito" sem o corpo, mas o homem-corpo transfigurado, que realizou todas as potencialidades nele escondidas e elevado ao mais alto grau de sua evolução, penetrando no espaço do Divino.

Semelhantes reflexões podem ajudar aquelas pessoas que perderam parentes queridos pelo Covid-19 sem poder se despedir deles. Que eles, com os corpos espiritualizados, possam gozar do abraço infinito da paz junto a Deus, que é Pai e Mãe de infinita bondade.

VI
Cuidar do espírito:
o eterno em nós

Fizemos considerações sobre o nosso corpo e sobre o corpo dos outros; em especial, de nossos entes queridos afetados pelo coronavírus.

Como fizemos com o conceito de corpo, propomo-nos também aqui alargar nossa compreensão do espírito.

Somos herdeiros de uma representação do espírito que vem dos gregos, mas que empobrece a sua realidade. Socorrem-nos as ciências da vida e a nova cosmologia que, no processo de evolução, não apenas levam em consideração seus aspectos físicos e as constantes cosmológicas, mas incluem as emergências mais sutis do processo cosmogênico, que são a vida, a subjetividade e a consciência reflexa.

Todas essas dimensões são do próprio universo e também de nossa realidade humana, que a astrofísica e a cosmologia evolutiva tentam decifrar.

1 Comprender o espírito a partir da nova visão do mundo

Entender o espírito como uma substância invisível e imortal é dizer meia-verdade e limitar sua amplitude. Nada refere sobre o seu enraizamento no universo nem seu lugar no conjunto de todas as relações, já que tudo é relação e nada existe fora dela. Tomando o espírito como substância imortal passa-se a impressão de que ele existe em si e para si mesmo, fora do conjunto dos seres. Ele é uma dimensão do universo, considerado pela cosmologia (a ciência que estuda a origem, o desenvolvimento e o sentido do universo e de tudo o que pertence a ele).

No entanto, hoje nos é permitido asseverar que o espírito possui a mesma ancestralidade das energias e da matéria originária. Ele estava presente já no primeiro momento do surgimento do universo, há 13,7 bilhões de anos. Isso se tornou mais convincente quando se descobriu que a matéria não possui apenas massa e energia; ela também possui uma terceira dimensão: a informação, que nasce do jogo de relações que todos os seres entretêm entre si, um deixando marcas no outro.

Quando os dois primeiros hádrons (primeira formação de matéria) ou em seguida os top quarks (as partículas menores de matéria subatômica) se encontraram, ocorreu uma troca de energia e de matéria. Cada qual se modificou. Ficaram marcas desse encontro, e elas vão se acumulando, forjando as informações.

Todos os seres são produtores e portadores de informações inscritas em seu ser. Estas vão se estocando e se organizando mais e mais, na medida em que o universo avança e ganha maior complexidade.

Nos humanos elas alcançam um patamar elevadíssimo de complexidade, a ponto de a informação aparecer na forma de consciência reflexa. É aqui que a Energia de Fundo, poderosa e amorosa, e que subjaz e sustenta todos os seres, mais se manifestou. Ela é a melhor expressão daquilo que chamamos de Deus, que sempre está presente dentro do processo da evolução, embora Deus seja tudo isso e muito mais que nos escapa, pois seu nome verdadeiro é Mistério. Emergindo o ser humano, essa Energia de Fundo, também chamada de Abismo Gerador de todo o ser, manifestou-se mais densamente e de forma especial.

O Gênesis o expressa, na linguagem simbólica da época: "Deus formou o ser humano do pó da terra e soprou nas suas narinas o *sopro da vida*, e o homem se tornou um ser vivo" (Gn 2,7). O "sopro da vida" é o espírito. Ele estava no universo, mas no ser humano emerge na forma de consciência e de inteligência. Pela ação do Sopro divino ele se tornou autoconsciente.

Este espírito está em cada parte de nosso "corpo" (o código genético presente em cada célula), mas se organiza em ordens a partir do cérebro, cujos neurônios sobem a cifras de bilhões em número com trilhões de sinapses (conexões) entre eles.

É importante enfatizar que essa consciência pertence ao universo – em nosso caso, à nossa galáxia –, ao nosso sistema solar, ao Planeta Terra e, por fim, a cada pessoa humana. A consciência possui sua pré-história até irromper em nós como consciência da consciência; vale dizer, como autoconsciência. Nós não temos espírito, como também não temos corpo; somos homem-espírito, bem como homem-corpo.

Como se revela o homem-espírito ou o espírito humano? Ele se revela no momento em que a consciência se dá conta de si mesma, sente-se inserida num todo maior e se abre ao Infinito. O espírito é o ápice da consciência.

Qual é a singularidade do espírito? Ela reside em sua capacidade de *criar unidade*, de fazer *uma síntese* das informações acumuladas e formar um *quadro coerente*; é a capacidade de discernir *nas partes o Todo* e o *Todo nas partes,* pois compreende que há um fio condutor, um elo que une e re-úne todas as coisas, fazendo que estejam sempre relacionadas entre si.

Estas não estão jogadas aí arbitrariamente, mas se articulam em ordens (reino dos micro-organismos, dos minerais, dos vegetais, dos animais etc.) das mais diferentes formas. Constituem um Todo orgânico, sistêmico, sempre estruturado em redes de relações.

Esse Todo não é algo estabelecido de uma vez por todas. Ele é dinâmico, passando por fases de caos e de desordem para, em seguida, se reordenar e ganhar novamente equilíbrio e harmonia, o que chamamos de cosmos. Espírito, portanto, é a capacidade presente no universo de criar sínteses das relações e unidades sistêmicas a partir dessas relações.

O espírito é um princípio cosmológico; quer dizer: pertence à estrutura e à dinâmica do universo e que nos permite entender o universo assim como ele é, pois esta é sua função enquanto princípio cosmológico. Por isso, diz-se que o universo é espiritual, pensante, consciente, porque ele é reativo, panrelacional e auto-organizativo. Em seu devido grau, todos os seres participam do espírito.

A diferença entre o espírito de uma floresta e o espírito do ser humano não é de *princípio,* mas de *grau.* O princípio é *o mesmo* (as relações e a unidade) e funciona em ambos, mas de *modo* diferente (cada um à sua maneira). Em nós o princípio cria unidades significativas e alta capacidade de relação. Mas no *modo* autoconsciente, na floresta o *princípio* se revela pela unidade da floresta como uma totalidade dinâmica; não simplesmente como um amontoado de árvores, mas como floresta. Seu *modo* não é ser autoconsciente, mas com uma consciência própria da floresta, já que ela também vem conectada com todo o universo, com suas energias e com as forças diretivas da vida e da Terra.

2 Características do homem-espírito

Formulada, resumidamente, esta compreensão inicial, cabe perguntar: Quais são as características distintivas do homem-espírito ou do espírito humano?

A primeira e mais inconfundível delas é sua dimensão transpessoal, também chamada de *transcendência*. Dimensão transpessoal ou transcendência significa aqui o fato de o espírito humano não ser fechado e limitado em sua própria realidade corporal. Ele sempre desborda e transborda qualquer limite. Transcendência é estar aberto em totalidade; para si mesmo, para o outro, para o mundo e para o Infinito. É sua abertura total que vai além dos limites corporais.

Por isso, diz-se que o homem-espírito habita as estrelas. Isso quer dizer que, com seu espírito, atravessa os espaços infinitos e ultrapassa todos os limites espaçotemporais que se lhe antolharem. Por ser um ser de transcendência, o homem-espírito é pan-relacional; pode entabular relações com todos os tipos de seres. Para ele não há horizontes que se fecham; cada horizonte se abre a outro e a outro, e assim indefinidamente. Como dizia o poeta: "nós ouvimos estrelas".

Eis aqui a razão por que afirmamos que o ser humano é um projeto infinito e é devorado por um desejo nunca saciável, mas saciável na comunhão com o Infinito real que lhe é adequado. É a Última Realidade, Deus.

Essa capacidade de transcendência liga o homem-espírito ao Todo. Ele se sente mergulhado nele e se percebe parte dele. Esse Todo não está em nenhum lugar, porque engloba todos os lugares.

É próprio do homem-espírito se interrogar sobre a natureza desse Todo que o envolve. Todos os nomes de qualquer língua e cultura terminam por dizer: é o Ser ou simplesmente é o Espírito absoluto, é a Fonte produtora de tudo o que existe, aquilo que as religiões chamam com mil nomes e nós simplesmente de Deus.

O extraordinário do homem-espírito é poder entrar em comunhão com esta Suprema Realidade. Agradecer-lhe pela *grandeur* do universo e pelo dom da vida. Louvá-lo por sua magnanimidade e amor por ter criado todas as coisas e continuar dizendo a cada momento: "*fiat*, faça-se, renove-se e exista!" Somos levados a dançar diante dele e cantar hinos e louvações.

Mas também, por causa do caos que pode se manifestar no universo, na Terra e na vida, chorar diante dele e perguntar: Por que, ó Deus? Por que permites a morte de tantos pelo Covid-19, por que a avassaladora destruição de um tsunami ou de um terremoto e mesmo, como se relata, na crônica cotidiana, a morte de um jovem dentro de casa por uma bala da polícia irresponsável ou mesmo por bala perdida numa troca de tiros entre polícia e bandidos? Por quê?

Face a estes muitos "por quês" todos nos fazemos um pouco do Jó bíblico que questiona, critica, chora diante de Deus para, finalmente, se calar, reverente, face ao mistério, porque Deus é maior do que nossa razão. Ele pode ser de uma forma que não podemos compreender; apesar desses "absurdos", descobre que Deus "e o soberano amante da vida" (Sb 11,24) não permitirá que o luto, a lágrima e a desgraça tenham a última palavra. É o espírito que confia e crê. Jó, depois de tanto sofrer, reclamar e interrogar Deus, resgata a plenitude da vida. Ele diz: "antes te conhecia só por ouvir dizer; agora meus olhos te viram".

Outra característica do homem-espírito é sua *liberdade*, que é a capacidade de autodeterminação pessoal. Sempre há determinações vindas dos vários enraizamentos que a existência apresenta: de lugar, de classe, de tipo de família, de forma de nosso corpo, de nível de inteligência etc. Mas o ser humano, por si mesmo (auto), pode confrontar-se com essas determinações. Pode assumi-las, rejeitá-las e modificá-las. Preside nele uma força que lhe permite sobrepor-se a essas determinações. Elas o limitam (não há liberdade sem limites), mas não podem aprisioná-lo. Mesmo escravizado sob ferros, é um livre, pois essa é sua essência enquanto espírito.

A história humana é a história da expansão da liberdade, apesar de todos os retrocessos, do rompimento de amarras, de conquistas de espaços, de autodeterminação e de plasmação de sua vida e destino. Na história que conhecemos, a liberdade, embora intrínseca ao ser humano, nunca é simplesmente concedida, mas conquistada num processo de libertação. Esta é aquela ação que cria a liberdade. Paulo Freire, tão perversamente caluniado pela ignorância dos que (des)governam o país, mas é reconhecido como um dos maiores educadores do mundo civilizado, nos deixou esta lição: "ninguém liberta ninguém; nos libertamos sempre juntos".

Toda criatividade, todo o universo das artes, da ciência e da técnica, da música, da dança tem por base a liberdade; sem a qual a comunicação se transforma em farsa e a palavra mais esconde do que revela.

Mais do que tudo, é a liberdade que torna o ser humano *um ser ético*, responsável pelos atos e suas consequências, que decide pelo bem e pelo mal para ele e para os outros. A liberdade lhe permite ser um anjo bom ou um malfeitor e criminoso.

Só um ser livre pode doar-se totalmente ao outro ou a uma causa, como neste momento dramático sob o império do Covid-19, quando os operadores da saúde (da medicina, da enfermagem...) e de outros operadores entregam suas vidas, arriscam-se à contaminação para tentar salvar a vida de outros. Se a tão desgastada palavra "herói" tem valor, ela se aplica aqui, não para aqueles heróis de guerra, que se fazem heróis por matar. Aqui nos hospitais estão os verdadeiros "heróis da vida", porque salvam vidas. São os justos entre as nações, como diriam os israelitas.

Há valores, como esses vividos por eles, pelos quais vale a pena dar a vida. Morrer assim é digno. Pela qualidade do exercício de nossa liberdade, na opção pelo bem ou pelo mal é que seremos julgados, pela nossa própria consciência, diante do Senhor da história. Esse julgamento define nosso destino derradeiro e o quadro final de nossa existência.

Outra característica singular do homem-espírito é sua *capacidade de amar*. O amor irrompe como uma força cósmica, decantada por Dante Alighieri em sua *Divina comédia* e por todos os grandes espíritos.

Nesse sentido destacamos o quão era surpreendente a compreensão que o grande pintor Vincent van Gogh tinha do amor. Em carta ao seu irmão Théo, diz: "É preciso amar para trabalhar e para se tornar um artista, um artista que procura colocar sentimento em sua obra; é preciso primeiramente sentir a si próprio e viver com seu coração. É o amor que qualifica nosso sentimento de dever e define claramente nosso papel [...] o amor é a mais poderosa de todas as forças" (*Lettres à son frère Théo*. Paris: Galimard, 1988, p. 138, 144). A. Artaud, que fez a introdução às cartas de van Gogh, diz que ele se recusou a entrar nessa sociedade sem amor: "ele foi um suicida da sociedade".

O amor é tão excelente que, para os cristãos, define a própria natureza íntima do próprio Deus: "Deus é Amor" (1Jo 4,8).

O médico Paes Campos, em seu livro *Quem cuida do cuidador* (Petrópolis: Vozes, 2005), disse muito bem: "O ato de cuidar é a materialização de um sentimento de amor" (p. 59).

É isso que estão fazendo todos aqueles que estão trabalhando abnegadamente nos hospitais neste momento dramático do coronavírus. Amar é fazer de si mesmo dom ao outro, é entregar-se incondicionalmente ao outro, é senti-lo dentro, é fazer o impossível para estar junto da pessoa amada, é não entender mais a vida sem o amado ou a amada, é experimentar o inferno quando, por qualquer razão, o amor já não existe e não tem mais volta. Sem o amor desaparece todo o brilho, toda a alegria e todo o sentido da vida. Amar então é dizer: você não pode morrer.

Mas o homem-espírito pode também odiar, rejeitar, torturar barbaramente, se bestializar completamente quando tomado de ira incontrolável e de vontade destrutiva como nos porões de tortura de nosso regime ditatorial já passado. Essa sombra também faz parte da realidade do espírito, como o mau espírito. E temos assistido pessoas insensíveis e sem empatia face às vítimas do coronavírus. Infelizmente, como aquele que ocupa o mais alto cargo da nação, que se mostra incapaz de qualquer empatia e sensibilidade. Essa atitude é desumana e sem piedade.

O homem-espírito também pode *perdoar*. Eis uma outra característica sua. Perdoar não significa esquecer a ferida que ainda sangra, mas consiste em não fazer-se refém dela e permanecer aferrado ao passado. Perdoar é esforçar-se em ver o ofensor com compaixão, benevolência e amor; é liberar-se para o amanhã e para novas experiências. Perdoar é virar a página e escrever outra, na qual a amargura e o espírito de vingança não têm lugar.

Junto com o perdão vem a capacidade de *com-paixão,* característica das mais nobres do espírito. Com-paixão, tão necessária nesta época triste da presença do Codiv-19, que produz um oceano de sofrimento no qual estão mergulhadas milhares de pessoas em nosso país e em toda a Terra. Com-paixão é assumir a paixão do outro, é colocar-se no lugar do outro, não deixar que os familiares e amigos sofram sozinhos, oferecer-lhes um ombro; mais do que falar é guardar um silêncio reverente e compassivo, chorar junto e pôr-se solidariamente no mesmo caminho, lado a lado. Tudo isso pode fazer o homem-espírito.

Mas também a ausência de generosidade e de compaixão pode assumir formas apocalípticas. Três dias antes de se suicidar, a 27 de abril de 1945, Hitler, um verdadeiro psicopata, escreveu em seu diário: "No fim de tudo me vem o arrependimento de ter sido tão generoso para com os judeus..." (JOHNSON, P. *Tempos modernos*. Rio de Janeiro: Instituto Liberal, 1990, p. 345), por lhe faltar a possibilidade para dar uma solução final a eles (*Endlösung*); isto é, mandando-os todos às câmaras de extermínio (mandou 6 milhões) e de não ter podido matar 30 milhões de eslavos, como havia determinado. Aqui o espírito se revela como a suprema perversão. O anti-humano também é parte do humano, complexo e misterioso.

Outra característica do homem-espírito é o de ser um *eterno interrogador*. Ele permanentemente vem atormentado por perguntas últimas. Só ele as faz porque é portador de autoconsciência, inteligência e percepção do Todo: Quem criou o universo? Por que os bilhões de galáxias com suas incontáveis estrelas e planetas? Por que estou aqui? Por que nasci e para quê? Qual é o meu lugar e a minha missão neste conjunto indecifrável de seres? Como me comportar diante do outro e da natureza? Terminada a minha jornada neste pequeno planeta, para onde vou? O que posso, finalmente, esperar?

As respostas não estão codificadas em nenhum manual, embora textos sagrados e filosofias sem conta se esforcem para trazer respostas apaziguadoras. Mas nenhuma delas substitui a nossa própria tarefa existencial de formular uma resposta pessoal que empenha todo o nosso ser.

Mesmo as pessoas mais céticas e descrentes podem, por algum tempo, se furtar a essas indagações. Mas elas, como são portadoras de espírito, quando menos esperarem, verão emergir nelas essas angustiantes perguntas, sem poderem recalcá-las. Tais perguntas possuem a força intrínseca de sempre de novo surgirem e indagarem por uma resposta.

Não é sem razão que os ateus são aqueles que mais falam de Deus, mesmo que seja para negá-lo. A negação não consegue matar a pergunta existencial; ela sempre reponta com o vigor do broto depois das chuvas sobre chão ressequido.

Por fim, uma característica básica do espírito é sua *capacidade de síntese*. Como a natureza do espírito é relacional, cabe a ele fazer a síntese entre o céu e a Terra, entre o imanente e o transcendente, entre a exterioridade e a interioridade.

Como a psique precisa de um Centro para ordenar todas as energias e pulsões que a habitam, assim o espírito sente-se perdido ou cindido ao meio se não lograr uma síntese, não teórica, mas vital-existencial, que dê direção à sua vida. Por isso, cada um possui, consciente ou inconscientemente, uma cosmovisão; quer dizer, uma leitura do mundo, uma interpretação do curso da história, uma visão de conjunto. O espírito não aguenta uma esquizofrenia existencial que separa, opõe, desune e atomiza a realidade. Ele precisa de um quadro ordenador de todas as suas experiências, ideias e sonhos.

Muito mais caberia dizer do homem-espírito. Mas bastam estas referências para fundamentarmos nosso intento de pensar tal realidade à luz das interrogações que os vitimados pelo vírus suscitam ou, se falecidos, seus parentes, entre lágrimas e lamentos, se colocam. Por que, meu Deus, por quê?

3 Cuidar do espírito é vivenciar o eterno em nós

Como podemos derivar das reflexões feitas, o espírito é uma realidade tão sutil e sujeita a tantos percalços – exatamente por ser o melhor de nós mesmos –, que devemos cuidá-lo zelosamente e nos preocuparmos para preservá-lo em seu caráter infinito.

Cuidar do espírito comporta cultivar a espiritualidade. Precisamos libertar a espiritualidade de seu enquadramento na religião. Não existe, por certo, religião sem espiritualidade – ela nasce de uma profunda experiência espiritual, mas pode existir espiritualidade independente de religião.

Cuidar da espiritualidade é cultivar a permanente atitude de abertura face aos outros; é estar disponível quando alguém tem carências e clama por ajuda; é viver concretamente a transcendência, quer dizer, não se deixar prender obsessivamente por isso ou por aquilo, mas estar aberto ao Infinito do desejo, ansiando pelo seu objeto adequado também infinito, que só pode ser Deus ou a Suprema realidade, a quem são dados os mais diferentes nomes. Cuidar do espírito é vivenciar que há algo eterno em nós; que não morre conosco, mas permanece para além do espaço e do tempo. Sua meta é a eternidade.

Espiritualidade pede silêncio, que não significa dizer nada, mas criar o espaço para que outra Palavra possa ser ouvida, que vem a nós do profundo de nós mesmos, da consciência, do próprio Deus que nos colocou neste mundo.

Viver espiritualmente é acolher a quem está desamparado, como tantos neste momento dramático sob o domínio do coronavírus.

Diz a lenda, confirmada pelas Escrituras judaico-cristãs, que um casal idoso e pobre, ao acolher um miserável, descobriu depois ter hospedado Deus escondido na figura de um pobre. O cuidado do espírito leva a cultivar a bondade, a benquerença, a solidariedade, a compaixão e o amor. Estes são os valores que constituem a substância da espiritualidade e que nos acompanham ao longo da vida, levando-nos para além da morte.

Cuidar do espírito é abrir-se ao mistério do mundo e ao mistério maior que é Deus. Espiritualidade não se resume em ler e pensar sobre Deus, mas em falar a Deus ou permitir que Ele fale à nossa interioridade. É senti-lo no coração, porque é o coração que sente Deus, não a razão. Poder dialogar com Ele e auscultar sua voz que vem através de todas as coisas, mas especialmente dos chamados de nossa consciência. Importa fazer a passagem da cabeça ao coração, onde Ele sempre habita.

O resultado desse cuidado logo se faz sentir por uma vida mais serena, por uma paz que nenhum ansiolítico ou droga pode conceder. É levar a vida com quem se sente na palma da mão de Deus. Então, por que temer? Existe um desfrute maior do que se ver livre dos medos e se sentir acompanhado por um olhar amoroso?

Cuidar do espírito envolve também cuidar do ambiente social, cuidar dos outros para que a atmosfera envolvente não se faça tão desumana, obsessionada pela busca da acumulação, do prazer, do consumo e do descontrole dos instintos, danosos para a pessoa e para os outros.

Seja-me permitido terminar com uma afirmação que se tornou quase banal, mas que não perde em verdade e atualidade: o novo mundo, depois do coronavírus, ou mais tarde, ou será mais espiritual ou não será.

Esta é mais uma razão para começarmos a ser também mais espirituais; vale dizer, mais sensíveis, cooperativos, amorosos e cuidadosos em relação à natureza, à Terra e às pessoas; enfim, mais humanos. Isso alcançaremos se participarmos da dor de milhares e milhares que têm medo de ser infectados pelo Covid-19 e daqueles familiares e amigos que perderam seus entes queridos. Essa atitude espiritual é só espiritual, pois não tem preço. Ela vale por si mesma e nos torna mais profundos, fazendo-nos irradiar seriedade e confiança. É a irradiação do eterno em nós.

Terceira parte

Lições a tirar da pandemia do coronavírus

I
Não podemos prolongar o passado

Causa séria preocupação o ataque sistêmico que a natureza, mediante um pequeniníssimo e invisível vírus está movendo contra a Humanidade, levando milhares à morte. Este é o fato: a pandemia. Agora as questões não menos importantes e fundamentais são: Qual é a nossa reação frente a essa tragédia? Que lição ela nos passa?

Que visão de mundo e que espécie de valores essa situação nos leva a desenvolver? Seguramente devemos aprender tudo o que devíamos ter aprendido e não aprendemos. Devíamos ter aprendido que somos parte da natureza, e não os seus "senhores e donos" (Descartes). Vigora uma conexão umbilical entre ser humano e natureza. Viemos do mesmo pó cósmico como todos os demais seres e somos o elo consciente da corrente da vida.

I A erosão da imagem do "pequeno deus" na Terra

O mito dos modernos de que nós somos "o pequeno deus" na Terra e que podemos dispor dela a nosso bel-prazer – pois ela é inerte e sem propósito – foi desfeito. Um dos pais do método científico moderno Francis Bacon dizia que devemos tratar a natureza como os esbirros da inquisição tratam suas vítimas, torturando-as até que elas entreguem todos os seus segredos.

Pela tecnociência levamos esse método até o extremo, alcançando o coração da matéria e da vida. Isso se implementou com um furor inaudito, a ponto de termos abalado a sustentabilidade da natureza e, assim, do planeta e da vida.

Dessa forma, rompemos o *pacto natural* que existe com a Terra viva: ela nos dá tudo o que precisamos para viver e, em contrapartida, nós deveríamos cuidar dela, preservar seus bens e serviços e dar-lhe descanso para se regenerar e continuar a nos propiciar tudo o que lhe tiramos para a nossa vida e progresso. Nada disso fizemos.

Por não termos observado o preceito bíblico de "guardar e cuidar do Jardim do Éden (da Terra: Gn 2,15) e ameaçado as bases ecológicas que sustentam toda a vida, ela nos contra-atacou com uma arma poderosa, o coronavírus. Para enfrentá-lo retornamos ao método da Idade Média, que superou suas pandemias mediante o isolamento social rigoroso. Para fazer o povo, amedrontado, sair à rua, na Prefeitura de Munique (*Marienplatz*) se construiu um engenhoso relógio com dançarinos e cucos, para que, assim, todos acorressem a ele para apreciá-lo, o que é feito até os dias atuais.

A pandemia – que se caracteriza mais do que uma crise, mas uma exigência de mudança de visão de mundo e de incorporação de novos valores – nos coloca esta questão: Queremos verdadeiramente evitar que a natureza nos envie vírus ainda mais letais que podem até devastar a biosfera e dizimar vasta porção da espécie humana? Esta seria uma entre as dez espécies que desapareceriam definitivamente, devido à agressão do processo industrialista. Queremos correr esse risco?

2 A inconsciência generalizada do fator ecológico

Já em 1962 a bióloga e escritora norte-americana Rachel Carson, autora de *Silent Spring* (Primavera silenciosa), advertiu: "É pouco provável que as gerações futuras tolerem nossa falta de preocupação prudente pela integridade do mundo natural que sustenta toda a vida. [...] A questão consiste em saber se alguma civilização pode levar adiante uma *guerra sem tréguas contra a vida* sem destruir a si mesma e sem perder o direito de ser chamada de civilização".

Parece uma profecia da situação que estamos vivendo em nível planetário. Temos a impressão de que a maioria da Humanidade, e mesmo os líderes políticos, não demonstra ter consciência suficiente dos perigos que estamos correndo com o aquecimento global, com a demasiada proximidade de nossas cidades à natureza, onde os vírus têm seu *habitat*, e principalmente com o agronegócio massivo avançando sobre a floresta virgem e desmatando-a. Dessa forma destruímos os *habitats* dos muitos vírus e bactérias, que acabam se transferindo para outros animais e, desses, para os seres humanos. Segundo cientistas renomados e sérios, não é certo se o Covid-19 tenha vindo de um morcego do mercado da China, mas de algum modo sua origem está na natureza.

O coronavírus nos obriga a nos reinventarmos como Humanidade e a remodelarmos de forma sustentável e includente a única Casa Comum que temos. Se prevalecer o que dominava antes, o capitalismo desenfreado e seu neoliberalismo ultraconcentrador de riqueza, aí sim poderemos nos preparar para o pior. Entretanto, cabe recordar que o sistema-vida passou por várias grandes dizimações (estamos dentro da sexta), mas sempre sobreviveu.

A vida pareceria – permito-me uma metáfora singular – uma "praga" que ninguém até hoje conseguiu exterminar. Porque é uma "praga" bendita, ligada ao mistério da cosmogênese e daquela Energia de Fundo, misteriosa e amorosa que preside todos os processos cósmicos e também os nossos, uma metáfora para dizer Deus.

É imperioso que abandonemos o velho paradigma da vontade de poder e de dominação sobre tudo (o punho cerrado) na direção de um paradigma do cuidado de tudo o que existe e vive (a mão estendida) e da corresponsabilidade coletiva.

Escreveu Eric Hobsbawn – a última frase de seu livro *A era dos extremos:*

> Uma coisa é clara: se a Humanidade quer ter um futuro reconhecível não pode ser pelo prolongamento do passado ou do presente. Se tentarmos construir o terceiro milênio nesta base, vamos fracassar. O preço do fracasso, ou seja, a alternativa para a mudança da sociedade, é a escuridão (1995, p. 506).

Isto significa que não podemos voltar simplesmente à situação anterior ao coronavírus nem pensar numa volta ao passado pré-iluminismo, como quer o atual governo brasileiro e outros de extrema-direita que se opõem à ciência, à pesquisa científica, à cultura, à educação crítica e à própria realidade comprovada pelos satélites das grandes queimadas na Amazônia. O obscurantismo é de tal ordem que chega-se a negar o aquecimento global e que, pasmem, afirmam que a Terra é plana, e não redonda.

II
Um mapa para resgatar
a vida ameaçada

Geralmente é assim na história: sempre depois de uma grande catástrofe ocorre uma grande mutação social, uma verdadeira revolução cultural. Esperamos que tal ocorra no pós-coronavírus. Mas as forças que tentam moldar o destino humano coletivo trabalham, cada qual numa direção; muitos apenas em função de seus interesses e poderes. Vejamos o jogo das forças no atual cenário mundial.

Não são poucos os analistas que prognosticam que a pós-pandemia poderá significar uma radicalização extrema da situação anterior, uma volta ao sistema do capital e ao neoliberalismo, procurando dominar o mundo com o uso da vigilância digital (*big data*) sobre cada pessoa do planeta, coisa aliás que já está em curso na China e nos Estados Unidos.

Aí entraríamos na era das trevas, com o risco, aventado por Raquel Carson em seu livro *A primavera silenciosa*, da nossa autodestruição. Daí a exigência de uma radical conversão ecológica, cuja centralidade deverá ser ocupada pela Terra, pela vida e pela civilização humana: uma biocivilização.

1 O pós-coronavírus: o novo ou a radicalização do antes?

Não devemos, no entanto, subestimar a força da violência do sistema político e econômico dominante. Lembremos a resposta de Sigmund Freud dada a uma carta de Albert Einstein de 1932. Este perguntava, já que Freud entendia da alma humana: É possível superar a violência e a guerra?

Freud respondeu colocando uma aporia, ponderando que não podia afirmar qual instinto iria prevalecer: se o instinto de morte (*thánatos*) ou se o instinto de vida (*éros*). Ambos sempre convivem, cada qual com sua força específica. Qual triunfará? Freud não responde diretamente, mas reconhece a permanente tensão entre eles. Termina resignado: "Esfaimados pensamos no moinho que tão lentamente mói, que poderemos morrer de fome antes de receber a farinha".

Há uma outra opinião nada otimista de um dos maiores intelectuais norte-americanos e crítico severo do sistema imperialista, Noam Chomsky. Diz ele:

> O coronavírus é algo sério o suficiente, mas vale lembrar que há algo muito mais terrível se aproximando; estamos correndo para o desastre, algo muito pior do que qualquer coisa que já aconteceu na história da Humanidade. Trump e seus lacaios estão à frente disso, na corrida para o abismo. Há *duas ameaças* imensas que estamos encarando. Uma é a crescente ameaça de uma guerra nuclear, exacerbada pela tensão dos regimes militaristas, e a outra, é claro, pelo aquecimento global. Ambas podem ser resolvidas, mas não temos muito tempo para isso. O coronavírus é terrível e pode ter péssimas consequências, mas será superado, enquanto as outras não serão. Se nós não resolvermos essa ameaça estaremos condenados.

Chomsky tem asseverado que o Presidente Trump é suficientemente insano para deflagrar uma guerra nuclear, sem se importar com o que pode acontecer para toda a Humanidade. Se esta for profundamente afetada ou desaparecer, ele iria junto. Mas os insanos o são por não terem consciência das consequências.

Não obstante essa visão dramática do prestigiado linguista e pensador, nossa esperança é que, quando a Humanidade for posta sob grave risco de realmente se autodestruir, o instinto de vida irá prevalecer.

2 Uma comunidade de destino para toda a Humanidade

De todos os modos, o coronavírus nos mostrou, entre tantos outros pontos, que não somos "pequenos deuses" que têm a pretensão de dominar tudo. Nós somos vulneráveis e limitados; a acumulação de bens materiais e a austeridade econômica imposta não salvam a vida; a globalização financeira em sua obsessão por riqueza não se dispõe a criar o que o governo chinês propõe a *todos os países*, "*uma comunidade de destino comum para toda a Humanidade*"; impõe-se, contra a vontade dos países ricos, criar um centro global e plural de gestão dos problemas globais (One World, One Health); a cooperação e a solidariedade de todos com todos, e não o individualismo, constituem os valores centrais de uma geossociedade; devemos cuidar da natureza como cuidamos de nós mesmos, pois somos parte dela e é ela que fornece todos os meios de vida para nós e para as futuras gerações.

Estas são algumas lições, entre outras, que o coronavírus nos obriga a tirar. A *Carta da Terra*, um documento assumido em 2003 pela Unesco, emerge como um dos mais inspiradores para a transformação do nosso modo de tratar o Planeta Terra e como habitar pacificamente nele.

3 Valores e princípios da *Carta da Terra*

Esta Carta, nascida de uma consulta a mais de 100 mil pessoas do mundo inteiro, durante 8 anos, assinala que "são necessárias mudanças fundamentais nos nossos valores, instituições e modos de vida. [...] Nossos desafios ambientais, econômicos, políticos, sociais e espirituais estão interligados e, juntos, podemos forjar soluções includentes" (Preâmbulo C).

Saber não é ainda fazer. O que nos move a agir? Que cosmologia (visão de mundo) e que ética devemos incorporar? Orienta-nos um importante texto da parte conclusiva da *Carta da Terra*, de cuja redação também participei.

> Como nunca antes na história o destino comum nos conclama a buscar um novo começo.
>
> Isto requer uma mudança na mente e no coração; demanda um novo sentido de interdependência global e de responsabilidade universal.
>
> Devemos desenvolver e aplicar com imaginação a visão de um modo de vida sustentável nos níveis local, nacional, regional e global (O caminho adiante).

"Buscar um novo começo" significa que somos desafiados a remontar a "Terra, nosso lar, que está viva com uma comunidade de vida única" (*Carta da Terra*. Preâmbulo A). Ilusório seria cobrir as feridas da Terra com "band-aids", pensando, assim, curá-la. Temos de revitalizá-la para que ela continue sendo nossa Casa Comum e a de todos os viventes.

"Isto requer uma mudança na mente." Isso significa um novo olhar sobre a Terra, assim como a nova cosmologia e biologia a apresentam. Ela é viva com uma vida que irrompeu há 3,8 bilhões de anos, um superorganismo sistêmico que se auto-organiza e continuamente se autocria, articulando todos os elementos físico-químicos necessários.

Num momento avançado de sua complexidade, há cerca de 8-10 milhões de anos, uma porção dela começou a sentir, pensar, amar e venerar. Surgiu o ser humano, homem e mulher. Ele é Terra consciente e inteligente; por isso se chama *homo*, feito de *humus*.

Esta cosmovisão muda a nossa concepção da Terra. A ONU, em 22 de abril de 2009, substituiu oficialmente a expressão "O dia da *Terra*", por "O dia da *Mãe Terra*". Como mãe, nos gera e continuamente nos oferece seus alimentos.

Por isso, *a Carta da Terra* afirma: "Respeitar a Terra e a vida em toda a sua diversidade e cuidar da comunidade de vida com compreensão, compaixão e amor" (*Carta da Terra*, 1 e 2).

Devotar à Mãe Terra todo o cuidado e carinho que devotamos às nossas mães, essa é a nova mente (visão) que importa incorporar.

4 Articular a inteligência racional com a cordial

"Requer uma mudança no coração." O coração é a dimensão do sentimento profundo, da sensibilidade, do amor, da compaixão, da espiritualidade e da ética; vale dizer, dos valores que orientam nossa vida.

Isso tem a ver com a razão sensível ou cordial, assentada no cérebro límbico, que emergiu há 220 milhões de anos, quando irromperam, na evolução, os mamíferos. Todos eles, como o ser humano, têm sentimentos, amor e cuidado para com sua cria. Esse é o *pathos*, o sentimento profundo, a dimensão mais preciosa do ser humano.

A razão (o *logos*) surgiu há apenas 8-10 milhões de anos com o cérebro neocortical, e na forma avançada como *homo sapiens* (o homem atual) há cerca de 100 mil anos. Ele, na Modernidade, foi desenvolvido de tal forma que organizou nossas sociedades e criou a tecnociência, transformando a face da Terra. Até criou, pelas armas de destruição em massa, aquilo que Carl Sagan, o grande cosmólogo norte-americano, chamou de "o princípio de autodestruição".

A inflação da razão, o racionalismo, criou uma espécie de lobotomia: o ser humano tem dificuldade de sentir o outro e o seu sofrimento. É o que mais lamentamos no atual presidente brasileiro. Desinteressou-se pelo coronavírus, considerando-o, contra toda a ciência mundial, como uma "gripezinha" ou uma "histeria coletiva". Frio, mostra-se incapaz de se solidarizar com os parentes das vítimas que muito sofrem por não poderem fazer o velório nem sepultarem seus entes queridos.

Precisamos completar a inteligência racional, necessária para nossa sobrevivência no mundo complexo em que vivemos, mas é preciso enriquecê-la com a inteligência emocional e sensível, para assumirmos *com paixão* a defesa da Terra e da vida e também nos empenharmos em salvar mais e mais vidas face ao furor do Covid-19.

Precisamos do coração para nos levar a ouvir simultaneamente o grito da Terra e o grito do pobre, como nos suplicou o Papa Francisco em sua encíclica ecológica (n. 49) e forjarmos, como sustenta o primeiro-ministro chinês Xi Jinping: "uma sociedade moderadamente abastecida", ou, como costumamos dizer: uma sociedade de uma sobriedade compartida e de uma solidariedade generosa para com os que menos têm.

III

O pós-coronavírus: a importância da região

O instigante texto da *Carta da Terra* em seu final afirma que "temos que buscar um *novo começo*" para forjar um "*modo sustentável de viver*" no Planeta Terra.

Para isso "*requer-se um novo sentido de interdependência global*". A relação de todos com todos, e por isso a interdependência global, representa uma constante cosmológica. Tudo no universo é relação; nada e ninguém estão fora dela. É também um axioma da física quântica, segundo o qual todos os seres são inter-retro--relacionados. Nós mesmos, seres humanos, somos um rizoma (bulbo com raízes) de relações com os outros, com a sociedade, com a natureza, com o universo e com Deus. Isso implica entender que todos os problemas ecológicos, econômicos, políticos e espirituais têm a ver uns com os outros. Só salvaremos a vida se nos alinharmos a essa lógica universal includente, que é a lógica do universo e da natureza.

Segue o texto da *Carta da Terra*: "requer-se uma *responsabilidade universal*". Responsabilidade significa dar-se conta das consequências de nossas ações, se são benéficas ou maléficas para o conjunto dos seres.

O filósofo Hans Jonas escreveu um livro clássico intitulado *Princípio responsabilidade,* no qual estão incluídos o princípio de *prevenção* e o de *precaução.* Na prevenção podemos calcular os efeitos quando interviermos na natureza. Assim, por exemplo, os cientistas, contrariamente ao governo brasileiro, desaconselham o uso de cloroquina ou a hidroxicloroquina na cura do coronavírus. Sabe-se que elas causam efeitos colaterais perigosos aos cardíacos. Isso é o princípio de prevenção.

O princípio de *precaução* não nos permite medir as consequências, e por isso não devemos arriscar certas ações e intervenções, porque podem produzir efeitos altamente danosos à vida. Assim, não se pode recomendar certos fármacos, pois não sabemos que efeitos resultarão.

Essa falta de responsabilidade coletiva pode ser constatada na presente pandemia, que exige isolamento social rigoroso e distanciamento, evitando aglomeração de pessoas para, assim, evitar a contaminação; também exige o uso de máscara, além de lavar frequentemente as mãos com água e sabão e utilizar o álcool em gel.

Uma significativa parcela da população não assume essa responsabilidade, arriscando-se a sair de casa sem máscara, e o próprio comércio tem suas portas abertas quando não se tem segurança necessária. Daí resulta o grande número de contaminados, dos quais muitos não sobrevivem. É o caso dos Estados Unidos e, infelizmente, de nosso país, no qual o presidente dá o mau exemplo, saindo sem máscara e irresponsavelmente estimulando a abertura do comércio e de outras atividades.

‖ Um modo sustentável de vida

A *Carta da Terra* diz mais: "*desenvolver e aplicar com invenção a visão* (de um modo sustentável de vida)". Nada de grandioso neste mundo foi feito sem o imaginário, que inventa novos projetos e novos modos de ser. E aqui é o lugar das utopias viáveis. Toda utopia alarga o horizonte e nos torna criativos; ela "nos leva de horizonte a horizonte, fazendo-nos sempre caminhar", na feliz expressão de Eduardo Galeano.

Para superar o modo costumeiro de habitar a Casa Comum, com uma relação utilitarista, precisamos sonhar com o planeta como a nossa grande Mãe, "a Terra da Boa Esperança" (Ignacy Sachs e Ladislau Dowbor). Essa utopia é realizável pela Humanidade, quando ela despertar para a urgência de outro mundo necessário.

Afirma ainda a *Carta da Terra*: "[alcançar] *uma visão de um modo sustentável de vida*". Estamos acostumados à expressão que está em todos os documentos oficiais e na boca da ecologia dominante: "desenvolvimento sustentável". Todas as análises sérias têm mostrado que o nosso modo de produzir, distribuir e consumir é insustentável (cf. BOFF, L. *Sustentabilidade*: o que é – o que não é. Petrópolis: Vozes, 2013). Vale dizer, não se consegue manter o equilíbrio entre o que tiramos da natureza e o que lhe permitimos repor. Se os países ricos quisessem universalizar seu bem-estar a toda a Humanidade precisaríamos, pelo menos, de três Terras iguais a esta, o que é absolutamente impossível.

O atual desenvolvimento, que significa crescimento econômico medido pelo Produto Interno Bruto (PIB), revela espantosas desigualdades, a ponto de a grande ONG Oxfam, em seu informativo de 2019, nos revelar que 1% da Humanidade possui a metade da riqueza do mundo e que 20% controlam 95% dessa riqueza (do 1%), enquanto os restantes 80% têm de se contentar com apenas 5%. Tais dados revelam a completa insustentabilidade de nosso mundo.

A *Carta da Terra* não se rege pelo lucro, mas pela vida. Daí o grande desafio consiste em criar *um modo sustentável de vida* em todos os âmbitos: pessoal, familiar, social, nacional e internacional.

2 A importância da região: o biorregionalismo

Por fim, esse modo sustentável proposto pela Carta, evidentemente representa um ideal, um projeto global que deverá ser realizado processualmente.

Hoje o ponto mais avançado nessa busca se realiza no nível do local e do regional. Fala-se então do biorregionalismo como a forma realmente viável de concretizar a sustentabilidade. Tomando-se a região como referência, não segundo as divisões geográficas arbitrárias, mas aquelas que a própria natureza fez com os rios, as montanhas, as florestas e outras que configuram um ecossistema regional. Dentro desse quadro pode-se realizar uma autêntica sustentabilidade, incluindo os bens naturais, a cultura e as tradições locais, como também as personalidades que marcaram aquela história, o favorecimento de pequenas e médias empresas e uma agricultura orgânica, com a maior participação possível dos cidadãos, num espírito democrático. Dessa forma se propiciaria um "bem-viver e conviver" (o ideal ecológico dos andinos) suficiente, decente e sustentável com a diminuição das desigualdades.

Essa visão formulada pela *Carta da Terra* é grandiosa e factível. O que mais precisamos é de *boa vontade*, a única virtude que, para Kant, não possui defeito algum, pois se tivesse deixaria de ser boa.

Essa boa vontade impulsionaria as comunidades e, no limite, a Humanidade inteira, a realmente realizar "um novo começo", que seria a antecipação de uma realidade, válida para toda a Terra, entendida como a única Casa Comum, na qual podemos conviver em harmonia entre todos e com a natureza.

IV

O pós-coronavírus: nova ética e outras virtudes

"O modo sustentável de vida" proposto pela Carta da Terra implica uma ética da Terra que se traduz por práticas virtuosas e que tornam real esse ideal. São muitas as virtudes necessárias para um outro mundo possível, sendo que esse tema é sumamente relevante para a remontagem do processo produtivo e as lógicas do consumo no pós-Covid-19. Devemos incorporar as lições severas deixadas pelo vírus. Elenquemos algumas das virtudes necessárias a um outro mundo possível.

I As virtudes de uma ética da Mãe Terra

A primeira é o *cuidado essencial*. Chamo de essencial, pois, ,segundo uma tradição filosófica que nos vem dos romanos (a fábula 22 de Higino), atravessou os séculos e ganhou sua forma maior, entre outros autores, especialmente no núcleo central de *Ser e tempo*, de Martin Heidegger. Aí se vê o cuidado como a essência do ser humano; o cuidado é a pré-condição para o conjunto de fatores que permitem a emergência da vida e, como subcapítulo dela, o ser humano.

Alguns cosmólogos como Brian Swimme e Stephan Hawking viram o cuidado como a dinâmica mesma do universo. Se as quatro energias fundamentais não tivessem o sutil cuidado de atuarem sinergeticamente não teríamos o mundo que temos.

Todo ser vivo depende do cuidado. Se nós não tivéssemos o infinito cuidado de nossas mães não saberíamos como deixar o berço e buscar o nosso alimento, dado que somos seres biologicamente carentes, sem nenhum órgão especializado. Sentimos a necessidade de cuidar e de sermos cuidados. Face à natureza significa uma relação amigável, não agressiva e respeitosa de seus limites e na relação com cada ser (cf. BOFF, L. *Saber cuidar* – Ética do humano, compaixão pela Terra. Petrópolis: Vozes, 1999. • BOFF, L. *O cuidado necessário*: na vida, na saúde, na educação, na ecologia, na ética e na espiritualidade. Petrópolis: Vozes, 2012).

A segunda virtude é o *sentimento de pertença* à natureza, à Terra e ao universo. Somos parte de um grande Todo que nos desborda por todos os lados. Somos aquela porção da Terra que sente, pensa, ama e venera. Esse sentimento de pertença nos faz perceber que não estamos sós, mas cercados de irmãos e irmãs, da natureza e do universo. É o que viveu São Francisco, chamando todos de irmãos e irmãs. Nas palavras do Papa Francisco, em sua Encíclica *Laudato Si' – Sobre o cuidado da Casa Comum* (2015): "Coração universal, para São Francisco cada criatura era uma irmã, unida a ele por laços de carinho; por isso sentia-se chamado a cuidar de tudo o que existe, até das ervas silvestres" (n. 11).

Esse sentimento de pertença faz com que nos apercebamos como parte da natureza, irmãos e irmãs de todos os demais seres com os quais partilhamos o mesmo código genético de base. É o mundo dos *fratres* (irmãos) e das *sorores* (irmãs). Teremos deixado para trás o propósito dos pais fundadores da Modernidade que se sentiam "mestres e donos" (*maîtres et possesseurs*) da natureza. Não seria mais o mundo dos *domini* (senhores), fora, acima e sobre a natureza, mas dos irmãos e irmãs junto e ao pé da natureza, numa grande comunidade terrenal e cósmica.

A terceira virtude é *a solidariedade e a cooperação*. Somos seres sociais que não apenas vivem, mas convivem com outros. Sabemos pela bioantropologia que foi a solidariedade e a cooperação de nossos ancestrais antropoides que, ao buscarem alimento, traziam-no para o consumo coletivo. Esse gesto de comensalidade lhes permitiu deixar para trás a animalidade e inaugurar o mundo humano.

Hoje, no caso do coronavírus, o que nos está salvando é a solidariedade e a cooperação de todos com todos. Ela está envolvendo até empresas capitalistas, pois nos seus donos que são humanos nunca se apaga esse dado de nossa essência de seres de cooperação. Essa solidariedade deve começar pelos últimos e invisíveis, sem o que ela deixa de ser inclusiva – "Eles geralmente dão o que lhes sobra; outros dão o que têm".

A quarta virtude é a *responsabilidade coletiva*. Já a expusemos anteriormente. É quando a consciência individual das pessoas e a de toda a sociedade se dão conta dos efeitos bons ou ruins de suas decisões e atos. São absolutamente irresponsáveis aqueles que não observam o isolamento social, o distanciamento entre as pessoas e não usam máscara como forma de evitar o risco de contaminar a si próprios e as outras pessoas.

A quinta virtude é a da *hospitalidade como dever e como direito*. O primeiro a apresentá-la dessa forma foi Immanuel Kant em seu famoso texto *À paz perpétua* (1795) (cf. KANT, I. *À paz perpétua*. Porto Alegre: L&PM, 2008). Ele entendia que a Terra é de todos, pois Deus não deu a ninguém um título de propriedade sobre algum pedaço da terra. Ela é de todos, pois é a única Casa Comum que temos, e nenhuma outra.

Ao encontrarem alguém, o dever de todos é oferecer hospitalidade como sinal de fraternidade e de pertença comum à Terra. Todos têm o direito de serem acolhidos, sem qualquer distinção. Para Kant, essa hospitalidade e o respeito aos direitos humanos constituiriam as pilastras para uma república mundial (*Weltrepublik*).

Esse tema é atualíssimo, dado o número de refugiados e o deslocamento dos povos, já que os caminhos estão abertos e nos sentimos verdadeiramente cidadãos universais. Então, já não se justificam as muitas discriminações e exclusões, seja a que título for. Todos somos humanos e devemos nos tratar humanamente. Talvez seja a hospitalidade uma das virtudes mais urgentes no processo de planetização (cf. BOFF, L. *Virtudes para um outro mundo possível* – Vol. I: Hospitalidade: direito e dever de todos. Petrópolis: Vozes, 2005).

Como é lindo observar que nas comunidades das periferias, onde as casas são pequenas e com várias pessoas habitando nelas, uns hospedam os outros quando há um espaço maior em alguma habitação ou são abertos centros comunitários e até igrejas para permitir o confinamento social.

A sexta virtude é *a convivência de todos com todos*. A convivência é um dado primário, pois todos viemos da convivência que nossos pais tiveram. Nós somos seres de relação; participamos da vida dos outros, de suas alegrias e angústias. Mas é muito custoso para muitos conviverem com os diferentes.

É preciso compreender que podemos ser humanos de muitas formas diferentes; nas formas brasileira, italiana, japonesa, yanomami. Mas cada forma é humana e possui a sua dignidade.

Hoje, pelas mídias sociais, abrimos janelas para todos os povos e culturas. Saber conviver com essa diferença abre novos horizontes e entramos numa espécie de comunhão com todos. Essa convivência implica também a natureza, conviver com as paisagens, com as florestas, com os pássaros, com os animais e com as estrelas do firmamento. Formamos uma comunidade de destino comum junto com a totalidade da criação.

A sétima virtude é *o respeito incondicional*. Cada ser, por menor que seja, tem valor em si mesmo, independentemente do uso humano. Albert Schweitzer – o grande médico suíço que foi ao Gabão, África, para atender a hanseniamos – via no respeito a base mais importante da ética.

Devemos começar com o respeito a nós mesmos, mantendo atitudes e modos dignos que suscitam o respeito dos outros. Importa respeitar todos os seres da criação, pois valem por si mesmos. Mais do que tudo, vale o respeito a cada pessoa humana, pois é portadora de dignidade, de sacralidade e de direitos inalienáveis. Respeito supremo devemos ao Sagrado e a Deus, o mistério íntimo de todas as coisas.

2 Sem justiça social não há paz possível

A oitava virtude é *justiça social e igualdade fundamental de todos*. A justiça é mais do que dar a cada um o que é seu; entre os humanos, a justiça é o amor e o respeito mínimo que devemos devotar aos outros. A justiça social é garantir o mínimo a todas as pessoas, não criar privilégios e respeitar seus direitos inalienáveis, pois todos somos humanos e merecemos ser tratados humanamente.

Neste tempo de coronavírus se mostrou a perversidade da desigualdade social e da injustiça. Enquanto uns podem viver sua quarentena em casas ou apartamentos adequados, a grande maioria pobre, vivendo nas comunidades e favelas, é exposta à contaminação e, não raro, à morte por fome ou pelo coronavírus.

A nona virtude é *a busca incansável da paz*. A paz comparece como um dos bens mais ansiados por todos. Nosso tipo de sociedade de desiguais – competitiva, individualista e consumista – não cria as condições para uma paz pessoal e social.

A paz não existe em si, pois ela é *consequência* de valores que devem ser vividos anteriormente. Uma das definições mais pertinentes da paz nos vem da *Carta da Terra*: "A paz é a plenitude que resulta de relações corretas consigo mesmo, com outras pessoas, com outras culturas, com outras vidas, com a Terra e com o Todo maior do qual somos parte" (n. 16f).

Como se depreende, a paz é *consequência* de relações adequadas e é o fruto da justiça social. Sem essas relações e sem a justiça só conheceremos tréguas, mas nunca uma paz duradoura.

A décima virtude é *o cultivo do sentido espiritual da vida*. O ser humano possui uma *exterioridade* corporal e uma *interioridade* psíquica. Possuímos também uma *profundidade*, aquela dimensão onde habitam as grandes interrogações da vida: Quem somos? De onde viemos? Para onde vamos? O que podemos esperar depois desta vida terrena? Qual é a Energia Suprema, sumamente inteligente, que sustenta o firmamento e conserva nossa Casa Comum ao redor do Sol, mantendo-a sempre viva para nos permitir viver? Não sentimos em nós entusiasmo por aquilo que fazemos, pelos desafios que enfrentamos?! Esse entusiasmo é o Deus interior – entusiasmo vem do grego *en-theós-mos* e significa ter um Deus dentro. E essa energia secreta em nós não é senão a presença operosa do próprio Deus.

Estas questões revelam a dimensão espiritual, feita de valores intangíveis como o amor incondicional, a confiança na vida, a coragem de enfrentar as agruras inevitáveis.

Damo-nos conta de que as coisas são mais do que coisas, pois são mensagens e possuem um outro lado invisível. Como dizia com fino espírito o poeta Fernando Pessoa: "Ah, tudo é símbolo e analogia! / O vento que passa, a noite que esfria, / São outra coisa que a noite e o vento. – / Sombras de vida e de pensamento. // Tudo o que vemos é outra coisa [...]" (O primeiro Fausto, VI).

Intuímos que tudo possui o seu outro lado, que há uma outra coisa atrás das coisas: uma Presença misteriosa que perpassa toda a nossa vida. As tradições religiosas e espirituais chamaram-na de mil nomes, sem poder decifrá-la. É o mistério do mundo que remete ao Mistério Abissal que faz ser tudo aquilo que é. Numa palavra: é a presença amorosa do próprio Deus, Pai e Mãe de infinita bondade.

Cultivar esse espaço nos torna maiores do que somos, mais humildes e nos enraíza numa realidade transcendente, adequada ao nosso desejo infinito, pois também somos um projeto infinito.

A conclusão final é esta: devemos ser simplesmente humanos, vulneráveis, humildes, ligados uns aos outros, parte da natureza e a porção consciente e espiritual da Terra com a missão de cuidar dela, para nós e para as futuras gerações.

Fazemos nossas as últimas palavras da *Carta da Terra*: "Que o nosso tempo seja lembrado pelo despertar de uma nova reverência face à vida, pelo compromisso firme de alcançar a sustentabilidade mediante a intensificação da luta pela justiça e pela paz, na alegre celebração da vida".

Quarta parte

A disputa pelo futuro da Mãe Terra

I
A transição para uma
sociedade biocentrada

O ataque do coronavírus contra toda a Humanidade nos obrigou a concentrar no vírus, no hospital, no paciente, no poder da ciência e da técnica, na corrida desenfreada por uma vacina eficaz e no confinamento e distanciamento social. Tudo isso é indispensável.

Mas, para apreendermos o significado do coronavírus não podemos vê-lo isoladamente. Ele se situa no contexto da lógica do capitalismo global que há séculos conduz uma guerra sistemática contra a natureza e contra a Terra.

I O capitalismo neoliberal gravemente abalado

O capitalismo se caracteriza pela exacerbada exploração da força de trabalho, pela utilização dos saberes produzidos pela tecnociência, pela pilhagem dos bens e serviços da natureza, pela colonização e ocupação de todos os territórios acessíveis. Por fim, pela mercantilização de todas as coisas. De uma *economia de mercado* passamos para uma *sociedade de mercado*.

Nela as coisas inalienáveis se transformaram em mercadoria: Karl Marx, em sua *Miséria da filosofia*, de 1847, bem escreveu: "Tudo o que os homens consideravam inalienável, coisas trocadas e dadas, mas jamais vendidas [...] tudo se tornou venal, como a virtude, o amor, a opinião, a ciência e a consciência [...] tudo se tornou venal e levado ao mercado". A isso ele denominou "tempo da corrupção geral e da venalidade universal" (cf. MARX, K. *Miséria da filosofia* – Respostas à *Filosofia da miséria* de Proudhon. Petrópolis: Vozes, 2019, p. 54-55 [Vozes de Bolso]). É o que estamos vivendo desde o fim da Segunda Guerra Mundial.

O capitalismo quebrou todos os laços com a natureza, transformou-a num baú de recursos, tidos ilusoriamente ilimitados, em função de um crescimento também tido ilusoriamente ilimitado. Ocorre que um planeta já velho e limitado não suporta um crescimento ilimitado.

Politicamente, o neoliberalismo confere centralidade ao lucro, ao mercado, ao Estado mínimo, às privatizações de bens públicos e promove a exacerbação da concorrência e do individualismo, a ponto de Reagan e Thatcher dizerem que a sociedade não existe, apenas os indivíduos.

A Terra viva, Gaia, um superorganismo que funciona como um sistema, ao articular todos os fatores para continuar viva, produzir e reproduzir sempre todo tipo de vida, começou a reagir e contra-atacar pelo aquecimento global, pela erosão da biodiversidade, pela desertificação crescente, pelos eventos extremos e pelo envio de suas armas letais, que são os vírus e as bactérias: gripe suína, gripe aviária, H1N1, zika, chikungunya, sars, ebola etc., e agora o Covid-19, invisível e letal. Colocou todos de joelhos, especialmente as potências militaristas, cujas armas de destruição em massa (que poderiam destruir toda a vida, várias vezes) se mostraram totalmente inúteis. Não se pode atacar o coronavírus com ogivas nucleares. Agora passamos do capitalismo do *desastre* para o capitalismo do *caos*.

Uma coisa ficou clara em relação ao Covid-19: caiu um "meteoro rasante" sobre o capitalismo neoliberal, desmantelando seu ideário (o lucro, a acumulação privada, a concorrência, o individualismo, o consumismo, o Estado mínimo e a privatização da coisa pública e dos *commons*). Ele foi gravemente ferido. Mas o fato é que produziu demasiada iniquidade humana, social e ecológica, a ponto de pôr em risco o futuro do sistema-vida e do sistema-Terra.

Ele, entretanto, colocou inequivocamente a disjuntiva: Vale mais o lucro ou a vida? O que vem antes: salvar a economia ou salvar vidas humanas?

Pelo ideário do capitalismo a disjuntiva seria salvar a economia em primeiro lugar e em seguida vidas humanas, sendo que até hoje ninguém encontrou uma equação que pudesse combinar essas duas coisas. Mas é importante frisar isto: o que está nos salvando é aquilo que inexistia no capitalismo: a solidariedade, a cooperação, a interdependência entre todos, a generosidade e o cuidado mútuo pela vida.

2 Alternativas políticas para o pós-coronavírus

O grande desafio colocado a todos, a grande interrogação especialmente aos donos dos grandes conglomerados multinacionais é: Como continuar? Voltar ao que era antes? Recuperar o tempo e os lucros perdidos?

Muitos dizem que simplesmente voltar ao que era antes seria um suicídio, pois a Terra poderia novamente contra-atacar com vírus mais violentos e mortais. Cientistas já advertiram que poderemos, dentro de pouco tempo, sofrer um ataque ainda mais feroz, caso não tenhamos aprendido a lição de cuidar da natureza e de desenvolver uma relação amigável para com a Mãe Terra.

Elenco aqui algumas alternativas, pois os senhores do capital e das finanças estão numa furiosa articulação entre eles para salvaguardar seus interesses, fortunas e poder político.

A *primeira* seria a volta ao sistema capitalista neoliberal extremamente radical. Seria 0,1% da Humanidade, bilhardários, que utilizariam a inteligência artificial com capaciade de controlar cada pessoa do planeta, desde sua vida íntima, privada e pública até a pasta de dentes que está usando. Seria um despotismo de outra ordem, cibernético, sob a égide do total controle/dominação da vida das populações.

Esses não aprenderam nada do Covid-19 nem incorporaram o fator ecológico. Pela pressão geral, talvez assumam uma responsabilidade *socioecológica* para não perderem lucros e fregueses. Mas seguramente haverá grande resistência e até rebeliões provocadas pela fome e pelo desespero.

A *segunda* alternativa seria o *capitalismo verde*, que tirou lições do coronavírus e incorporou o fator ecológico: reflorestar áreas devastadas e conservar ao máximo a natureza. Mas não mudaria o modo de produção e a busca do lucro. O "verde" não discutiria a desigualdade social perversa e faria de tudo, em nome da "natureza", para auferir ganhos. Exemplo: não apenas ganhar com o mel das abelhas, mas também sobre sua capacidade de polinizar outras flores. A relação para com a natureza e a Terra continuaria utilitarista, não reconhecendo seus direitos, como declarou a ONU, e seu valor intrínseco, independente do ser humano.

A *terceira* seria o *comunismo* de terceira geração, que nada teria com as anteriores, colocando os bens e serviços do planeta sob a administração plural e global para redistribuir a todos. Poderia ser possível, mas supõe uma nova consciência ecológica, além de não dar centralidade à vida em todas as suas formas. Seria ainda antropocêntrico. É pouco representado pelos filósofos Žižek e Badiou, além da carga negativa das experiências anteriores e malsucedidas.

A *quarta* seria o *ecossocialismo*, com mais possibilidades. Supõe um contrato social mundial com um centro plural de governança para resolver os problemas globais da Humanidade. Os bens e serviços naturais seriam equitativamente distribuídos a todos, num consumo decente e sóbrio que também incluiria toda a comunidade de vida, pois ela igualmente necessita de meios de vida e de reprodução como água, climas e nutrientes. Esta alternativa estaria dentro das possibilidades humanas, desde que superasse o sociocentrismo e incorporasse os dados da nova cosmologia e biologia, que consideram a Terra como um momento do grande processo cosmogênico, biogênico e antropogênico.

A *quinta* alternativa *seria o bem-viver e conviver*, ensaiada durante séculos pelos andinos. Ela é profundamente ecológica, pois considera todos os seres como portadores de direitos. O eixo articulador é a harmonia que começa com a família, com a comunidade, com a natureza, com todo o universo, com os ancestrais e com a Divindade. Esta alternativa possui alto grau de utopia. Talvez quando a Humanidade se descobrir como espécie habitando numa única Casa Comum terá condições de realizar o bem-viver e o bem-conviver.

3 Conclusão: a centralidade da vida e da Terra

Ficou evidente que o centro de tudo é a vida, a saúde e os meios de vida, e não o lucro e o desenvolvimento (in)sustentável. Isso exige um Estado que dê mais segurança sanitária a todos, um Estado que satisfaça as demandas coletivas e promova um desenvolvimento que obedeça aos ritmos e limites da natureza.

Não será a austeridade que resolverá os problemas sociais, que tem beneficiado os já ricos e penalizado os mais pobres. A solução se deriva da justiça social e redistributiva, na qual todos participam do ônus e do bônus da ordem social. As grandes fortunas, os bancos e as grandes empresas multinacionais deveriam pagar impostos relativos aos seus altos ganhos. A maioria desse grupo é isenta e não ajuda na superação das múltiplas crises.

Como o problema do coronavírus foi global, tornou-se necessário um contrato social global para implementar soluções globais. Tal transformação demandará uma *descolonização* de visões de mundo e de conceitos, como a voracidade pelo lucro e o consumismo, que foram inculcados pela cultura do capital. O pós-coronavírus nos obrigará a conferir centralidade à natureza e à Terra. Ou salvamos a natureza e a Terra ou percorreremos um caminho rumo ao abismo.

II

Por onde começar a transição paradigmática

Não podemos subestimar a engenhosidade do capitalismo neoliberal, pois ele é capaz de incorporar novos dados e transformá-los em seu benefício, e para isso usa todos os meios modernos da robotização, da inteligência artificial com seus bilhões de algoritmos e eventualmente as guerras híbridas. Sem piedade pode conviver, indiferente, com milhões e milhões de esfaimados e lançados na miséria.

1 A transição: outra forma de habitar a Terra

Por outra parte, os que buscam uma transição paradigmática, dentro da qual eu me situo, devem propor outra forma de habitar a Casa Comum, com uma convivência respeitosa para com a natureza e cuidado com todos os ecossistemas. Devem gerar na base social outro nível de consciência e novos sujeitos sociais, portadores desta alternativa. Para isso devemos passar por um processo de descolonização de visões de mundo e de ideias inculcadas pela cultura do capital. Devemos ser antissistema e alternativos.

139

2 Pressupostos para uma transição bem-sucedida

Primeiro pressuposto: a *vulnerabilidade* da condição humana, exposta a ataques por enfermidades, bactérias e vírus dos ecossistemas e pela alimentação. Não possuímos órgão especializado, e por isso temos de nos relacionar com a natureza para fundar o nosso habitat. Nesse sentido, o pensador e antropólogo A. Gehlen chama o ser humano de *Mängelwesen*; vale dizer, um ser de carências.

Segundo pressuposto: a *imprevisibilidade* dos acontecimentos naturais e históricos. Quem poderia prever a chegada de um vírus com capacidade tão poderosa de propagação? Quem poderia prever a catástrofe que foi o tsunami no Japão? Quem poderia prever que um negro, numa sociedade tão racista como a norte-americana, chegasse a ser presidente, como Barack Obama? Quem poderia prever que o Brasil fosse presidido por uma das pessoas mais despreparadas, carregada de preconceitos, movida pelo ódio e pela exaltação da tortura e da morte como o atual presidente? Por isso, o sábio filósofo grego Heráclito dizia: "espere o inesperado; se não o esperares não o reconhecerás quando ele irromper".

Fundamentalmente, outros dois fatores estão na origem da intrusão de micro-organismos letais: a excessiva *urbanização humana* – 83% da população vivem nas cidades –, que avançou sobre os espaços da natureza, destruindo os *habitats* naturais dos vírus e bactérias; assim, eles saltam para outros animais e para os humanos.

O segundo fator é a desflorestação sistemática ocasionada pela voracidade do capital, que busca mais riqueza com a monocultura da soja, da cana-de-açúcar, do girassol ou com a mineração e a produção de proteínas animais (gado), devastando florestas e desequilibrando o regime de umidade e de chuvas de vastas regiões, como é o caso da Amazônia.

Terceiro pressuposto: a *interdependência* entre todos os seres, especialmente entre os seres humanos. Somos, por natureza, um nó de relação voltado para todas as direções. A bioantropologia e a psicologia evolutiva deixaram claro que é da essência específica do ser humano a cooperação e a relação de todos com todos. Não existe o *gene egoísta*, formulado por Dawkins no fim dos anos de 1960; tese destituída de qualquer base empírica. Todos os genes se interligam entre si e dentro das células. Todos os seres estão inter-retro-relacionados e ninguém está fora da relação. Nesse sentido o individualismo, valor supremo da cultura do capital, é antinatural e não possui qualquer base biológica.

Quarto pressuposto: a *solidariedade* como opção consciente. A solidariedade está na base de nossa Humanidade. Os bioantropólogos nos revelaram que este dado é essencial ao ser humano. Quando nossos ancestrais buscavam seus alimentos, não os comiam sozinhos, mas os levavam ao grupo e serviam a todos, começando com os mais novos, depois com os mais idosos e por fim ao restante do grupo. Daí surgiu a comensalidade e o sentido de cooperação e solidariedade. Foi a solidariedade que nos permitiu o salto da animalidade para a Humanidade. O que valeu ontem também vale para hoje.

A sociedade vive e subsiste porque seus cidadãos comparecem como seres cooperativos e solidários, superando conflito de interesses para ter uma convivência minimamente humana e pacífica. Essa solidariedade não vigora apenas entre os humanos. É constante cosmológica que todos os seres convivem, estão envolvidos em redes de relações de reciprocidade e de solidariedade, de forma que todos se entreajudam para viver e coevoluir. Também o mais fraco, com a colaboração dos outros, subsiste e tem o seu lugar no conjunto dos seres e coevolui.

O sistema do capital não conhece a solidariedade, apenas a competição, que produz tensões, rivalidades e verdadeiras destruições de outros concorrentes em função de uma maior acumulação e, se possível, estabelecer o monopólio de um produto ou de uma fórmula científica.

Hoje, o maior problema da Humanidade não é o econômico, o político, o cultural ou o religioso, mas é a falta de solidariedade para com outros seres humanos. No capitalismo eles são vistos como eventuais consumidores, não como pessoas, com suas preocupações, alegrias e padecimentos.

É a solidariedade que está nos salvando diante do ataque do coronavírus, a começar pelos operadores de saúde, que desprendidamente arriscam sua vida para salvar vidas. É possível constatar atitudes de solidariedade em toda a sociedade, mas especialmente nas periferias, onde as pessoas não têm condições de fazer isolamento social nem possuem reservas de alimento. Muitas famílias que recebem cestas básicas as repartem com outras ainda mais necessitadas.

Referência especial merece o MST (Movimento dos Sem-Terra), que doou grande quantidade de alimentação orgânica aos mais vulneráveis. Muitas ONGs organizaram ações de solidariedade em prol dos mais carentes. Grandes empresas mostraram solidariedade, doando alguns milhões que lhes sobravam para enfrentar o Covid-19. Em uma *live*, representantes da favela e da cidade discutiam sobre a solidariedade. Os da favela reafirmaram que ela é fundamental para eles, pois todos participam das mesmas necessidades e das mesmas ameaças, enquanto que na cidade vigora o individualismo, o "cada um por si". Prometeu-se uma discussão com participantes dos dois lados para aprofundarem a solidariedade, que reforça a superação da discriminação e da exclusão.

Não basta que a solidariedade seja um gesto pontual; ela deve ser uma atitude básica, porque é um dado de nossa natureza. Temos de fazer uma opção consciente para sermos solidários a partir dos últimos e invisíveis, para aqueles que não contam para o sistema imperante e são considerados zeros econômicos. Só assim ela deixa de ser seletiva e engloba todos, pois todos somos coiguais, e laços objetivos de fraternidade nos unem.

Quinto pressuposto: o *cuidado essencial* para com tudo o que vive e existe, especialmente entre os seres humanos. Pertence à essência do humano o cuidado, sem o qual nenhum deles subsistiria. Nós estamos vivos porque tivemos o infinito cuidado de nossas mães; deixados no berço, não saberíamos como buscar nosso alimento e em pouco tempo morreríamos.

Ademais, cuidado é uma constante cosmológica, como o mostraram Stephan Hawking e Brian Swimme, entre outros: as quatro forças que sustentam o universo (a gravitacional, a eletromagnética, a nuclear franca e nuclear forte) agem sinergeticamente com extremo cuidado, sem o qual não estaríamos aqui refletindo sobre estas coisas.

O cuidado representa uma relação amiga da vida, protetora de todos os seres, pois os vê como um valor em si mesmo, independente do uso humano. Foi a falta de cuidado para com a natureza, devastando-a, que os vírus perderam seu *habitat*, conservado milhares de anos, e passaram a outro animal ou ao ser humano para poderem sobreviver de nossas células. O ecofeminismo trouxe uma expressiva contribuição à preservação da vida e da natureza com a ética do cuidado; este faz parte da constituição humana, mas ganha especial densidade nas mulheres.

3 A transição para uma civilização biocentrada

Toda crise faz pensar e projetar novas janelas de possibilidades. O coronavírus nos deu esta lição: a Terra, a natureza, a vida, em toda sua diversidade, a interdependência, a cooperação e a solidariedade devem possuir a centralidade na nova civilização, se não quisermos ser mais atacados por vírus letais.

Parto da seguinte interpretação: durante séculos agredimos a natureza e a Mãe Terra; agora é a Terra ferida e a natureza devastada que estão nos contra-atacando e fazendo represália. São entes vivos, e, como vivos, sentem e reagem às agressões.

A multiplicação de sinais que a Terra nos enviou, a começar pelo aquecimento global, a erosão da biodiversidade na ordem de 70-100 mil espécies por ano (estamos dentro da sexta extinção em massa, na era do antropoceno e do necroceno) e outros eventos extremos devem ser tomados absolutamente a sério e interpretados. Ou nós mudamos nossa relação para com a Terra e a natureza, num sentido de sinergia, de cuidado e de respeito, ou a Terra poderá não nos querer mais sobre sua superfície. Desta vez não há uma arca de Noé que salva alguns e deixa perecer os outros; ou todos nos salvamos ou engrossaremos o cortejo daqueles que rumam para a própria sepultura.

Quase todas as análises do Covid-19 focaram a técnica, a medicina, a vacina salvadora, o isolamento social e o uso de máscaras para nos proteger e não contaminar os outros. Raramente se falou de natureza, pois o vírus veio dela. Por que ele passou da natureza para nós? Já tentamos explicar anteriormente.

A transição de uma *sociedade capitalista* de superprodução de bens materiais para uma *sociedade de sustentação de toda a vida* com valores humano-espirituais (como a solidariedade, a compaixão, a interdependência, a justa medida, o respeito, o cuidado e, não em último lugar, o amor) não se fará de um dia para o outro.

Será um processo difícil que exigirá, nas palavras do Papa Francisco na Encíclica *Laudato Si' – Sobre o cuidado da Casa Comum*, uma "radical conversão ecológica". Vale dizer: devemos introduzir relações de cuidado, de proteção e de cooperação; um desenvolvimento feito com a natureza, e não contra a natureza.

O sistema imperante pode conhecer uma longa agonia, e não terá futuro. Há uma grande acumulação de crítica e de práticas humanas que sempre resistiram à exploração capitalista. Em minha opinião, quem vencerá definitivamente não seremos nós, mas a própria Terra, negando-lhe as condições de sua reprodução pelos limites dos bens e serviços da Terra, superpovoada.

4 O novo paradigma cosmológico e biológico

Para uma sociedade pós-Covid-19 impõe-se a assunção das contribuições do novo paradigma que já possui um século de existência. Lamentavelmente até agora não conseguiu conquistar a consciência coletiva nem a inteligência acadêmica, muito menos a cabeça dos *decision-makers* políticos.

Este paradigma é cosmológico. Parte de que tudo se originou do *Big Bang*, ocorrido há 13,7 bilhões de anos. De sua explosão surgiram as grandes estrelas vermelhas, e com a explosão destas, as galáxias, as estrelas, os planetas, a Terra e nós humanos. Somos todos feitos do pó cósmico.

A Terra, que já tem 4,4 bilhões de anos, e a vida, cerca de 3,8 bilhões de anos, são vivos. A Terra – isto é um dado de ciência já aceito pela comunidade científica – não só possui viva sobre ela, mas é viva e produz toda sorte de vidas.

O ser humano, que surgiu há uns 10 milhões de anos, é a porção da Terra que num momento de alta complexidade começou a sentir, a pensar, a amar e a cuidar. Por isso, homem vem de *humus*, terra boa.

Inicialmente possuía uma relação de *convivência* com a natureza, depois passou a ser de *intervenção*, mediante a agricultura, e nos últimos séculos relação de *agressão* sistemática mediante a tecnociência. Essa agressão foi levada a todas as frentes, a ponto de colocar em risco o equilíbrio da Terra e até uma ameaça de autodestruição da espécie humana com armas nucleares, químicas e biológicas.

Essa relação de agressão subjaz à atual crise sanitária. Se persistir, a agressão poderá nos levar a crises mais fortes, e até ao que os biólogos temem: The Next Big One, um grande vírus inatacável e fatal que levará a espécie humana a desaparecer da face da Terra.

Para obviar este possível armagedom ecológico urge renovar o *contrato natural* violado com a Terra viva: ela nos dá tudo do que precisamos e garante a sustentabilidade dos ecossistemas, e nós contratualmente lhe devolvemos cuidado, respeito a seus ciclos e lhe damos tempo para regenerar o que lhe tiramos. Esse contrato natural foi rompido por aquele estrato da Humanidade (e sabemos quem é) que explora os bens e serviços, desfloresta, contamina as águas e os mares.

É decisivo renovar o contrato natural e articulá-lo com o *contrato social*: uma sociedade que se sente parte da Terra e da natureza, que assume coletivamente a preservação de toda a vida, mantém em pé suas florestas; estas garantem o fornecimento de água necessária para todo tipo de vida, regeneram o que foi degradado e fortalecem o que está preservado.

5 A ponta da discussão ecológica: o biorregionalismo

Já que a ONU reconheceu a Terra como Mãe Terra e os direitos da natureza, a democracia deverá incorporar novos cidadãos, como as florestas, as montanhas, os rios, as paisagens. A democracia seria socioecológica.

Assim, a vida será o farol orientador, e a política e a economia não estarão a serviço da acumulação, mas da vida. O consumo, para que seja universalizado, será sóbrio, frugal, solidário, e a sociedade será suficiente e decentemente abastecida.

O acento não se dará na planetização econômico-financeira, mas na região. Atualmente, a ponta mais avançada da reflexão ecológica se realiza em torno do *biorregionalismo*.

Tomar a região não como vem definida arbitrariamente pelas administrações, mas com a configuração que a natureza fez, com seus rios, montanhas, florestas, planícies, fauna e flora e, especialmente, com os habitantes do lugar. Na biorregião poderá ser criado um desenvolvimento realmente sustentável, não meramente retórico. As empresas serão preferencialmente médias e pequenas, a preferência será da agroecologia, serão evitados transportes para regiões distantes, a cultura fará o papel de coesão: festas, tradições, memória de pessoas notáveis, presença de igrejas ou religiões, vários tipos de escolas e outros meios modernos de difusão de conhecimento e de encontros com as pessoas.

A Terra será como um mosaico feito de distintas peças e com cores diferentes, com distintas regiões e ecossistemas diversos e singulares.

A transição se fará por processos que vão se desenvolvendo e se articulando em nível nacional, regional e mundial, fazendo crescer a consciência de nossa responsabilidade coletiva de salvarmos a Casa Comum e tudo o que a ela pertence.

A acumulação de nova consciência permitirá um salto para um outro nível, no qual seremos amigos da vida, abraçaremos cada ser, pois todos possuímos o mesmo código genético, desde as bactérias originárias, passando pelas de base: as grandes florestas, os dinossauros, os cavalos, os beija-flores e nós. Somos construídos por 20 aminoácidos e por 4 bases nitrogenadas ou fosfatas. Quer dizer, somos todos parentes uns dos outros numa real fraternidade terrenal.

Uma coisa é irrenunciável: reinventar o ser humano para que ele seja o que deve ser: um humano, e que trate humanamente todos os seres humanos, coisa que quase nunca foi feita na história. E, por fim, só teremos futuro promissor se unirmos ecologia integral, solidariedade a partir dos últimos, responsabilidade coletiva e cuidado essencial.

Juntos e articulados, estes propósitos poderão forjar uma biocivilização, "da felicidade viável e possível" e da "alegre celebração da vida".

Conclusão

O Brasil, nosso sonho bom: a sua refundação

O Brasil, não obstante suas contradições históricas e internas, tem um capital ecológico que lhe permitirá fazer um ensaio possível de transição para um outro paradigma de civilização. Por suas riquezas ecológicas, geográficas, geopolíticas e populacionais, tem todas as condições para esse ensaio de uma civilização biocentrada. Estes tempos de confinamento por causa do Covid-19 são propícios para pensarmos num outro projeto de Brasil.

Até hoje vivemos na dependência de outros centros hegemônicos. Mas está amadurecendo, especialmente nas bases e em algumas agremiações políticas e acadêmicas, a ideia da refundação de um outro Brasil.

Entretanto, não podemos pensar o Brasil apenas a partir do Brasil. É preciso pensá-lo dentro do jogo de forças mundiais que disputam a hegemonia do processo de planetização, principalmente os Estados Unidos, a China e a Rússia.

I As estratégias da dominação imperial

Para nossa autonomia e para o projeto de refundação do Brasil o grande empecilho é representado pelo imperialismo norte-americano, especialmente depois que o Presidente Bolsonaro lhe prestou um rito de vassalagem, submetendo-se vergonhosa e ridiculamente aos propósitos imperiais do Presidente Donald Trump, tão insano quanto Bolsonaro, segundo analistas norte-americanos como Noam Chomsky e Paul Krugman. Isso foi realizado logo no início de seu governo.

O grande analista das políticas imperiais, recém-falecido, Moniz Bandeira (*A desordem mundial*, 2019), Noam Chomsky e Snowden nos revelaram a estratégia de dominação global. Ela se rege por três ideias-força: a primeira é *um mundo e um império*; a segunda, *a dominação de todo o espaço* (*full spectrum dominance*), cobrindo o planeta com centenas de bases militares, muitas com ogivas nucleares; a terceira, *desestabilização dos governos progressistas* que estão construindo um caminho de soberania e que devem ser alinhados à lógica imperial.

A desestabilização não se fará por via militar, mas por um conluio arquitetado entre parlamentares venais, estratos do judiciário, do ministério público, da polícia federal e por aqueles que sempre apoiaram os golpes, particularmente a grande mídia empresarial. Trata-se destruir as lideranças carismáticas como a de Lula, difamar o mundo do político e desmantelar políticas sociais para os pobres. Isso foi aplicado literalmente por ocasião do golpe de 2016, que apeou do poder presidencial, de forma enganosa, a Presidenta Dilma.

Não obstante esses entraves, devemos reconhecer alguns pontos axiais que constituem a base para se refundar e construir um caminho para o Brasil, que será bom para as grandes maiorias e representará uma contribuição nossa à nova fase da Humanidade, a fase planetária.

2 Algumas características do povo brasileiro

1) O povo brasileiro se habituou a "enfrentar a vida" e a conseguir tudo "na luta e na marra"; quer dizer, superando dificuldades e com muito trabalho. Por que não iria "enfrentar" também o derradeiro desafio de fazer as mudanças necessárias para criar relações mais igualitárias e acabar com a corrupção, refundando a nação?

2) O povo brasileiro ainda não acabou de nascer. O que herdamos foi a Empresa-Brasil com uma elite escravagista e uma massa de destituídos. Mas do seio dessa massa nasceram lideranças e movimentos sociais com consciência e organização. Seu sonho? Reinventar o Brasil. O processo começou a partir de baixo e não há mais como detê-lo, nem pelos sucessivos golpes sofridos como o de 1964, civil-militar, e o de 2016, parlamentar-jurídico-midiático.

3) Apesar da pobreza, da marginalização e da perversa desigualdade social, os pobres sabiamente inventaram caminhos de sobrevivência. Para superar essa antirrealidade, o Estado e os políticos precisam escutar e valorizar o que o povo já sabe e inventou. Só então teremos superado a divisão elites-povo e seremos uma nação não mais cindida, mas coesa.

4) O brasileiro tem um compromisso com a esperança; ela é a última que morre. Por isso, tem a certeza de que Deus escreve direito por linhas tortas. A esperança é o segredo de seu otimismo, que lhe permite relativizar os dramas, dançar seu carnaval, torcer por seu time de futebol e manter acesa a utopia de que a vida é bela e que amanhã poderá ser melhor. A esperança nos remete ao *princípio-esperança*, de Ernst Bloch, que é mais do que uma virtude: é uma pulsão vital que sempre nos faz suscitar novos sonhos, utopias e projeto de um mundo melhor.

5) O medo é inerente à vida porque "viver é perigoso" (Guimarães Rosa) e porque comporta riscos. Estes nos obrigam a mudar e reforçam a esperança. O que o povo mais quer – não as elites – é

mudar para que a felicidade e o amor não sejam tão difíceis. Para isso precisa articular constantemente a indignação face às coisas ruins e a coragem para mudá-las. Se é verdade que somos o que amamos, então construiremos uma "pátria amada e idolatrada" que aprendemos a amar.

6) O oposto do medo não é a coragem, mas a fé de que as coisas podem ser diferentes e que, organizados, podemos avançar. O Brasil mostrou que não é apenas bom no carnaval e no futebol. Mas pode ser bom na agricultura, na arquitetura, na música e na sua inesgotável alegria de viver.

7) O povo brasileiro é religioso e "místico". Mais do que pensar em Deus, ele sente Deus em seu cotidiano, que se revela nas expressões: "Graças a Deus", "Deus lhe pague", "Fique com Deus", "Vá com Deus". Deus para ele não é um problema, mas a solução de muitos problemas seus. Sente-se amparado por santos e santas, por orixás e por bons espíritos que ancoram sua vida no meio do sofrimento.

8) Uma das características da cultura brasileira é a jovialidade e o sentido de humor, que ajudam a aliviar as contradições sociais. Essa alegria jovial nasce da convicção de que a vida vale mais do que qualquer outra coisa. Por isso deve ser celebrada com festa, e diante do fracasso manter o humor que o relativiza e o torna suportável. O efeito é a leveza e o entusiasmo que tantos admiram em nós.

9) Há um casamento que ainda não foi feito no Brasil: entre o saber acadêmico e o saber popular. O saber popular é "um saber de experiências feito" (Camões), que nasce do sofrimento e dos mil jeitos de sobreviver com poucos recursos. O saber acadêmico nasce do estudo, bebendo de muitas fontes. Quando esses dois saberes se unirem teremos reinventado um outro Brasil e seremos todos mais sábios.

10) O cuidado pertence à essência do humano e de toda a vida; sem ele adoecemos e morremos. Com cuidado tudo é protegido e dura muito mais. O desafio hoje é entender a política como cuidado do Brasil, de sua gente, especialmente dos mais pobres e discriminados, da natureza, da educação, da saúde, da justiça. O atual governo de extrema-direita tenta desmontar toda essa acumulação cultural; ele não cuida do povo, que é a prova se amamos ou não o nosso país.

11) Uma das marcas do povo brasileiro é sua capacidade de se relacionar com todo mundo, de somar, juntar, sincretizar e sintetizar. Por isso, em geral, ele não é intolerante nem dogmático. Só ultimamente, sob o governo de Bolsonaro, há um lado perverso de certos setores da população. Mas não expressa o genuíno "gênio brasileiro". Ele gosta de acolher bem os estrangeiros. Ora, estes valores são fundamentais para uma globalização de rosto humano. Estamos mostrando que ela é possível e a estamos construindo. Infelizmente, nos últimos anos surgiu, contra a nossa tradição, uma onda de ódio, discriminação, fanatismo, homofobia e desprezo pelos pobres (o lado sombrio da cordialidade, segundo Sérgio Buarque de Holanda), o que nos mostra que somos, como todos os humanos, *sapiens e demens*, e agora mais *demens*. Mas isso seguramente passará e então predominará a convivência mais tolerante e apreciadora das diferenças.

12) O Brasil é a maior nação neolatina do mundo. Temos tudo para ser também a maior civilização dos trópicos, não imperial, mas solidária com todas as nações, especialmente com a África, de onde milhões de pessoas feitas escravas, porque incorporou em si representantes de 60 povos diferentes que para cá vieram. Nosso desafio é mostrar que o Brasil pode ser, de fato, uma pequena antecipação simbólica de um paraíso não totalmente perdido e sempre resgatável: a Humanidade unida, una e diversa, sentada à

mesa numa fraterna comensalidade, desfrutando dos bons frutos de nossa boníssima, grande e generosa Mãe Terra.

3 As três pilastras que sustentarão nosso ensaio civilizatório

Três pilastras podem dar corpo a esse sonho por mim exposto com mais detalhes no livro *Brasil: concluir a refundação ou prolongar a dependência* (Petrópolis: Vozes, 2019). Sem entrar em pormenores direi:

A natureza, que é uma das mais exuberantes do planeta em riqueza de seus solos, na biodiversidade, em florestas úmidas e em água potável. Nisso somos a potência mundial das águas-doces. Podemos ser a mesa posta para as fomes e sedes do mundo inteiro.

A cultura, que configura a relação do ser humano com a natureza, diversa, rica em criatividade nas artes, na música, na arquitetura e em certos ramos da ciência, não obstante o racismo visceral, as ameaças às culturas originárias e outras exclusões sociais.

O povo brasileiro ainda está sendo feito, plasmado por gentes que vieram de 60 países diferentes. A cultura multiétnica e multirreligiosa, a cultura relacional, o senso lúdico, a hospitalidade, a alegria de viver e sua criatividade são características, entre outras, de nosso povo.

Tais atributos poderão originar uma utopia viável nos trópicos. Temos, no entanto, que retrabalhar no consciente e no inconsciente coletivo as sombras que nos pesam fortemente: o etnocídio indígena, a colonização devastadora de gentes e da natureza, a escravidão humilhante e a dominação das oligarquias, herdeiras da Casa Grande, e um governo atual anti-Brasil, antivida e antipovo, com traços claros de despotismo, que pretende conduzir o país a fases superadas pela Humanidade, ao anti-iluminismo, ao mundo do atraso, avesso ao saber, à ciência e aos valores civilizatórios que são já bastante comuns às sociedades mundiais.

Para terminar, tomo como referência a proposta do Papa Francisco, quiçá o maior líder ético-político da Humanidade. Na reunião com dezenas de movimentos sociais populares em 2015, ao visitar a Bolívia. Na cidade de Santa Cruz de la Sierra, disse:

> Vocês têm que garantir os três "tês": *Terra* para morar nela e trabalhar; *Teto* para morar, porque não são animais que vivem ao relento; *Trabalho* com o qual vocês se autorrealizam e conquistam tudo o que precisam.
>
> [E continuou:] Não esperem nada de cima. Pois vem sempre mais do mesmo e geralmente ainda pior. Sejam vocês mesmos os protagonistas de um novo tipo de mundo, de uma nova democracia participativa e popular, com uma economia solidária, com uma agroecologia com produtos sãos e livres de transgênicos. Sejam os poetas da nova sociedade.
>
> Lutem para que a *ciência* sirva primeiramente à *vida* do que ao mercado. Empenhem-se pela *justiça social*, sem a qual não há *paz*. Por fim, cuidem da *Mãe Terra*, porque sem ela nenhum projeto será possível.

Aqui estamos diante de um programa mínimo para um novo tipo de sociedade e de Humanidade.

O futuro não pertencerá ao capitalismo neoliberal, embora teime em se perpetuar. Ele não deu certo. Acumulou uma altíssima taxa de iniquidade social e ecológica. Empobreceu grande parte da Humanidade e arrasou a Terra em sua rica biodiversidade e integridade. Não merece mais continuar. Mas estamos assistindo a sua reação e represália mediante os muitos vírus que foram enviados nos últimos anos e agora pelo coronavírus que está ceifando milhares de vidas

A travessia para uma sociedade ecologicamente sustentada com uma cultura, uma política e uma economia compatíveis é o grande *desideratum* da Humanidade e dos grupos progressistas do Brasil.

Cremos e esperamos que esse sonho não seja uma fantasmagoria, mas uma realidade que se adequa à lógica do universo, feito não pela soma de seus corpos celestes, mas pelo conjunto das redes de suas relações, dentro das quais nós também estamos, e, citando Paulo Freire, "precisamos construir uma ecossociedade na qual não seja tão difícil o amor".

Não será demasiado dizer que o Brasil, libertado de suas sombras históricas – o etnocídio indígena, a colonização, a escravidão e a dominação das oligarquias sem qualquer sentido social – pode ser um embrião da nova sociedade, uma e diversa dentro da única Casa Comum.

A Terra e a civilização humana ainda terão futuro. E se restabelecermos relações de cuidado e de respeito para com a natureza e para com a Mãe Terra não sofreremos seus ataques, que bem merecemos. Podemos inaugurar a civilização do cuidado, da confraternização universal, do casamento do céu com a Terra.

Referências do autor sobre o tema

Brasil – Concluir a refundação ou prolongar a dependência? Petrópolis: Vozes, 2019.

Ética e espiritualidade – Como cuidar da Casa Comum. Petrópolis: Vozes, 2017.

De onde vem? – Uma nova visão do universo, da Terra, da vida, do ser humano, do espírito e de Deus. Rio de Janeiro: Mar de Ideias, 2017 [todo ilustrado].

A Terra na palma da mão – Uma nova visão do planeta e da humanidade. Petrópolis: Vozes, 2016.

Direitos do coração – Como reverdecer o deserto. São Paulo: Paulus, 2015.

Ecologia, ciência, espiritualidade – A transição do velho para o novo. Rio de Janeiro: Mar de Ideias, 2015.

(Com Jürgen Moltmann.) *Há esperança para a criação ameaçada?* Petrópolis: Vozes, 2014.

A grande transformação: na economia, na política, na ecologia e na educação. Petrópolis: Vozes, 2014.

O cuidado necessário: na vida, na saúde, na educação, na ecologia, na ética e na espiritualidade. Petrópolis: Vozes, 2012.

As quatro ecologias: ambiental, política e social, mental e integral. Rio de Janeiro: Mar de Ideias, 2012.

(Com Mark Hathaway.) *O Tao da Libertação* – Explorando a ecologia da transformação. Petrópolis: Vozes, 2012.

Sustentabilidade: O que é – O que não é. Petrópolis: Vozes, 2012.

Ética e ecoespiritualidade. Petrópolis: Vozes, 2011.

Meditação da Luz. Petrópolis: Vozes, 2010.

Cuidar da Terra, proteger a vida – Como escapar do fim do mundo. Rio de Janeiro: Record, 2010.

Do iceberg à arca de Noé – O nascimento de uma ética planetária. Rio de Janeiro: Mar de Ideias, 2010.

Opção Terra – A solução para a Terra não cai do céu. Rio de Janeiro: Record, 2009.

Homem: satã ou anjo bom. Rio de Janeiro: Record, 2008.

Ecologia, mundialização e espiritualidade. Rio de Janeiro: Record, 2008.

O Evangelho do Cristo Cósmico. Petrópolis: Vozes, 2006.

Virtudes para um outro mundo possível. 3 vol. Petrópolis: Vozes, 2005-2006.

Responder florindo. Rio de Janeiro: Garamond, 2004.

Saber cuidar – Ética do humano, compaixão pela Terra. Petrópolis: Vozes, 1999/2019.

Índice

Sumário, 5
Introdução, 7

Primeira parte
O coronavírus: uma arma da Terra contra nós, 13

I – O coronavírus: uma arma da Terra viva, 15
    1 Um novo paradigma: a defesa contra o coronavírus, 16
    2 Não adianta apenas limar os dentes do lobo, 17
    3 Sete defesas contra o coronavírus, 20
II – Como a Mãe Terra se autodefende, 26
    1 A Terra é um ente vivo que se auto-organiza, 27
    2 Terra e Humanidade: uma única entidade, 28
    3 O ser humano: porção da Terra que sente e pensa, 28
III – Como ferimos e maltratamos a Mãe Terra, 31
    1 A produção em massa da morte: o necroceno, 32
    2 A vingança de Gaia, a Terra viva?, 33
    3 Pode-se temer tudo, até a nossa aniquilação, 33
IV – Um meteoro caiu sobre o capitalismo, 35
    1 O desastre perfeito sobre o capitalismo do desastre, 36
    2 A Terra poderá não nos querer mais aqui, 38
V – Voltar à normalidade é se autocondenar, 40
    1 O atual sistema põe em risco as bases da vida, 40
    2 O projeto capitalista e neoliberal foi refutado, 42
    3 Uma comunidade de destino compartilhado, 43
    4 Os brotos de uma civilização biocentrada, 44
    5 Que tipo de Terra queremos para o futuro?, 45

VI – O contraponto à "normalidade": a cooperação e a solidariedade, 48

    1 Os fundamentos científicos para a cooperação, 48

    2 Tudo está relacionado com tudo, 50

    3 Ou mudamos ou conheceremos o destino dos dinossauros, 51

VII – A Mãe Terra nos cobra que sejamos mais humanos, 52

    1 Não voltem ao que era antes, 53

    2 O que a Mãe Terra nos faz descobrir através da pandemia: a nossa verdadeira Humanidade, 53

Segunda parte
O coronavírus nos convida a rezar e a meditar, 57

I – Aos confinados, a Meditação da Luz, 59

    1 O cérebro humano e seus dois hemisférios, 60

    2 A mente espiritual e o "ponto Deus" no cérebro, 60

    3 A natureza misteriosa da luz, 61

    4 Meditação da Luz: como praticá-la, 62

    5 Benefícios da Meditação da Luz, 63

II – Sexta-feira Santa: Jesus continua crucificado nos sofredores do coronavírus, 65

    1 Jesus continua sofrendo pelos séculos afora, 65

    2 Jesus sofre na cruz a ausência de Deus, 67

    3 A ressurreição: a resposta do Pai à fidelidade de Jesus, 68

III – Páscoa: promessa de ressurreição às vítimas do coronavírus, 70

    1 A ressurreição é a realização de um sonho da Humanidade: a plenitude da vida, 72

    2 Como é um corpo ressuscitado?, 72

    3 A nossa ressurreição na morte, 74

    4 A ressurreição como insurreição, 74

IV – Pentecostes: vem, Espírito de vida, e salva as vítimas do coronavírus, 78

    1 A inteligência espiritual, 78

    2 O Espírito: criador e ordenador de todas as coisas, 79

    3 O Espírito é vida, movimento e transformação, 81

    4 O Espírito atua no espírito dos pesquisadores, 82

V – Cuidar do próprio corpo e o dos outros em tempos de coronavírus, 83

    1 O que é o corpo humano, 83

    2 As forças de autoafirmação e de integração, 85

3 Como cuidar do próprio corpo, 88
4 Cuidar do corpo dos outros, dos pobres e da Terra, 90
VI – Cuidar do espírito: o eterno em nós, 93
1 Comprender o espírito a partir da nova visão do mundo, 94
2 Características do homem-espírito, 97
3 Cuidar do espírito é vivenciar o eterno em nós, 103

Terceira parte
Lições a tirar da pandemia do coronavírus, 107

I – Não podemos prolongar o passado, 109
1 A erosão da imagem do "pequeno deus" na Terra, 109
2 A inconsciência generalizada do fator ecológico, 111
II – Um mapa para resgatar a vida ameaçada, 113
1 O pós-coronavírus: o novo ou a radicalização do antes?, 114
2 Uma comunidade de destino para toda a Humanidade, 115
3 Valores e princípios da *Carta da Terra*, 116
4 Articular a inteligência racional com a cordial, 117
III – O pós-coronavírus: a importância da região, 119
1 Um modo sustentável de vida, 121
2 A importância da região: o biorregionalismo, 122
IV – O pós-coronavírus: nova ética e outras virtudes, 123
1 As virtudes de uma ética da Mãe Terra, 123
2 Sem justiça social não há paz possível, 127

Quarta parte
A disputa pelo futuro da Mãe Terra, 131

I – A transição para uma sociedade biocentrada, 133
1 O capitalismo neoliberal gravemente abalado, 133
2 Alternativas políticas para o pós-coronavírus, 135
3 Conclusão: a centralidade da vida e da Terra, 137
II – Por onde começar a transição paradigmática, 139
1 A transição: outra forma de habitar a Terra, 139
2 Pressupostos para uma transição bem-sucedida, 140
3 A transição para uma civilização biocentrada, 144
4 O novo paradigma cosmológico e biológico, 145
5 A ponta da discussão ecológica: o biorregionalismo, 146

Conclusão – O Brasil, nosso sonho bom: a sua refundação, 149
   1 As estratégias da dominação imperial, 149
   2 Algumas características do povo brasileiro, 151
   3 As três pilastras que sustentarão nosso ensaio civilizatório, 154
Referências do autor sobre o tema, 157

Livros de Leonardo Boff

1 – *O Evangelho do Cristo Cósmico*. Petrópolis: Vozes, 1971.
• Reeditado pela Record (Rio de Janeiro), 2008.

2 – *Jesus Cristo libertador*. Petrópolis: Vozes, 1972.

3 – *Die Kirche als Sakrament im Horizont der Welterfahrung*.
Paderborn: Verlag Bonifacius-Druckerei, 1972 [Esgotado].

4 – *A nossa ressurreição na morte*. Petrópolis: Vozes, 1972.

5 – *Vida para além da morte*. Petrópolis: Vozes, 1973.

6 – *O destino do homem e do mundo*. Petrópolis: Vozes, 1973.

7 – *Experimentar Deus*. Petrópolis: Vozes, 2012 [Publicado
em 1974 pela Vozes com o título *Atualidade da experiência
de Deus*].

8 – *Os sacramentos da vida e a vida dos sacramentos*. Petrópolis:
Vozes, 1975.

9 – *A vida religiosa e a Igreja no processo de libertação*. 2. ed.
Petrópolis: Vozes/CNBB, 1975 [Esgotado].

10 – *Graça e experiência humana*. Petrópolis: Vozes, 1976.

11 – *Teologia do cativeiro e da libertação*. Lisboa: Multinova,
1976. • Reeditado pela Vozes, 1998.

12 – *Natal*: a humanidade e a jovialidade de nosso Deus.
Petrópolis: Vozes, 1976.

13 – *Eclesiogênese* – As comunidades reinventam a Igreja. Petrópolis: Vozes, 1977. • Reeditado pela Record (Rio de Janeiro),
2008.

14 – *Paixão de Cristo, paixão do mundo*. Petrópolis: Vozes, 1977.

15 – *A fé na periferia do mundo.* Petrópolis: Vozes, 1978 [Esgotado].

16 – *Via-sacra da justiça.* Petrópolis: Vozes, 1978 [Esgotado].

17 – *O rosto materno de Deus.* Petrópolis: Vozes, 1979.

18 – *O Pai-nosso* – A oração da libertação integral. Petrópolis: Vozes, 1979.

19 – (com Clodovis Boff) *Da libertação* – O teológico das libertações sócio-históricas. Petrópolis: Vozes, 1979 [Esgotado].

20 – *O caminhar da Igreja com os oprimidos.* Rio de Janeiro: Codecri, 1980. • Reeditado pela Vozes (Petrópolis), 1988.

21 – *A Ave-Maria* – O feminino e o Espírito Santo. Petrópolis: Vozes, 1980.

22 – *Libertar para a comunhão e participação.* Rio de Janeiro: CRB, 1980 [Esgotado].

23 – *Igreja*: carisma e poder. Petrópolis: Vozes, 1981. • Reedição ampliada: Ática (Rio de Janeiro), 1994; • Record (Rio de Janeiro) 2005.

24 – *Crise, oportunidade de crescimento.* Petrópolis: Vozes, 2011 [Publicado em 1981 pela Vozes com o título *Vida segundo o Espírito*].

25 – *São Francisco de Assis* – ternura e vigor. Petrópolis: Vozes, 1981.

26 – *Via-sacra para quem quer viver.* Petrópolis: Vozes, 1991 [Publicado em 1982 pela Vozes com o título *Via-sacra da ressurreição*].

27 – *O livro da Divina Consolação.* Petrópolis: Vozes, 2006 [Publicado em 1983 com o título de *Mestre Eckhart*: a mística do ser e do não ter].

28 – *Ética e ecoespiritualidade*. Petrópolis: Vozes, 2011 [Publicado em 1984 pela Vozes com o título *Do lugar do pobre*].

29 – *Teologia à escuta do povo*. Petrópolis: Vozes, 1984 [Esgotado].

30 – *A cruz nossa de cada dia*. Petrópolis: Vozes, 2012 [Publicado em 1984 pela Vozes com o título *Como pregar a cruz hoje numa sociedade de crucificados*].

31 – (com Clodovis Boff) *Teologia da Libertação no debate atual*. Petrópolis: Vozes, 1985 [Esgotado].

32 – *A Trindade e a sociedade*. Petrópolis: Vozes, 2014 [publicado em 1986 com o título *A Trindade, a sociedade e a libertação*].

33 – *E a Igreja se fez povo*. Petrópolis: Vozes, 1986 (esgotado).
• Reeditado em 2011 com o título *Ética e ecoespiritualidade*, em conjunto com *Do lugar do pobre*.

34 – (com Clodovis Boff) *Como fazer Teologia da Libertação?* Petrópolis: Vozes, 1986.

35 – *Die befreiende Botschaft*. Friburgo: Herder, 1987.

36 – *A Santíssima Trindade é a melhor comunidade*. Petrópolis: Vozes, 1988.

37 – (com Nelson Porto) *Francisco de Assis* – homem do paraíso. Petrópolis: Vozes, 1989. • Reedição modificada em 1999.

38 – *Nova evangelização*: a perspectiva dos pobres. Petrópolis: Vozes, 1990 [Esgotado].

39 – *La misión del teólogo em la Iglesia*. Estella: Verbo Divino, 1991.

40 – *Seleção de textos espirituais*. Petrópolis: Vozes, 1991 [Esgotado].

41 – *Seleção de textos militantes.* Petrópolis: Vozes, 1991 [Esgotado].

42 – *Con La libertad del Evangelio.* Madri: Nueva Utopia, 1991.

43 – *América Latina*: da conquista à nova evangelização. São Paulo: Ática, 1992 [Esgotado].

44 – *Ecologia, mundialização e espiritualidade.* São Paulo: Ática, 1993. • Reeditado pela Record (Rio de Janeiro), 2008.

45 – (com Frei Betto) *Mística e espiritualidade.* Rio de Janeiro: Rocco, 1994. • Reedição revista e ampliada pela Vozes (Petrópolis), 2010.

46 – *Nova era*: a emergência da consciência planetária. São Paulo: Ática, 1994. • Reeditado pela Sextante (Rio de Janeiro) em 2003 com o título de *Civilização planetária*: desafios à sociedade e ao cristianismo [Esgotado].

47 – *Je m'explique.* Paris: Desclée de Brouwer, 1994.

48 – (com A. Neguyen Van Si) *Sorella Madre Terra.* Roma: Ed. Lavoro, 1994.

49 – *Ecologia* – Grito da terra, grito dos pobres. São Paulo: Ática, 1995. • Reeditado pela Record (Rio de Janeiro) em 2015.

50 – *Princípio Terra* – A volta à Terra como pátria comum. São Paulo: Ática, 1995 [Esgotado].

51 – (org.) *Igreja*: entre norte e sul. São Paulo: Ática, 1995 [Esgotado].

52 – (com José Ramos Regidor e Clodovis Boff) *A Teologia da Libertação*: balanços e perspectivas. São Paulo: Ática, 1996 [Esgotado].

53 – *Brasa sob cinzas.* Rio de Janeiro: Record, 1996.

54 – *A águia e a galinha*: uma metáfora da condição humana. Petrópolis: Vozes, 1997.

55 – *A águia e a galinha*: uma metáfora da condição humana. Edição comemorativa – 20 anos. Petrópolis: Vozes, 2017.

56 – (com Jean-Yves Leloup, Pierre Weil, Roberto Crema) *Espírito na saúde*. Petrópolis: Vozes, 1997.

57 – (com Jean-Yves Leloup, Roberto Crema) *Os terapeutas do deserto* – De Fílon de Alexandria e Francisco de Assis a Graf Dürckheim. Petrópolis: Vozes, 1997.

58 – *O despertar da águia*: o dia-bólico e o sim-bólico na construção da realidade. Petrópolis: Vozes, 1998.

59 – *O despertar da águia*: o dia-bólico e o sim-bólico na construção da realidade. Edição especial. Petrópolis: Vozes, 2017.

60 – *Das Prinzip Mitgefühl* – Texte für eine bessere Zukunft. Friburgo: Herder, 1999.

61 – *Saber cuidar* – Ética do humano, compaixão pela terra. Petrópolis: Vozes, 1999.

62 – *Ética da vida*. Brasília: Letraviva, 1999. • Reeditado pela Record (Rio de Janeiro), 2009.

63 – *Coríntios* – Introdução. Rio de Janeiro: Objetiva, 1999 (Esgotado).

64 – *A oração de São Francisco*: uma mensagem de paz para o mundo atual. Rio de Janeiro: Sextante, 1999. • Reeditado pela Vozes (Petrópolis), 2014.

65 – *Depois de 500 anos*: que Brasil queremos? Petrópolis: Vozes, 2000 [Esgotado].

66 – *Voz do arco-íris*. Brasília: Letraviva, 2000. • Reeditado pela Sextante (Rio de Janeiro), 2004 [Esgotado].

67 – (com Marcos Arruda) Globalização: desafios socioeconômicos, éticos e educativos. Petrópolis: Vozes, 2000.

68 – *Tempo de transcendência* – O ser humano como um projeto infinito. Rio de Janeiro: Sextante, 2000. • Reeditado pela Vozes (Petrópolis), 2009.

69 – (com Werner Müller) *Princípio de compaixão e cuidado*. Petrópolis: Vozes, 2000.

70 – *Ethos mundial* – Um consenso mínimo entre os humanos. Brasília: Letraviva, 2000. • Reeditado pela Record (Rio de Janeiro) em 2009.

71 – *Espiritualidade* – Um caminho de transformação. Rio de Janeiro: Sextante, 2001. • Reeditado pela Mar de Ideias (Rio de Janeiro) em 2016.

72 – *O casamento entre o céu e a terra* – Contos dos povos indígenas do Brasil. São Paulo: Salamandra, 2001. • Reeditado pela Mar de Ideias (Rio de Janeiro) em 2014.

73 – *Fundamentalismo*. Rio de Janeiro: Sextante, 2002. • Reedição ampliada e modificada pela Vozes (Petrópolis) em 2009 com o título *Fundamentalismo, terrorismo, religião e paz*.

74 – (com Rose Marie Muraro) *Feminino e masculino*: uma nova consciência para o encontro das diferenças. Rio de Janeiro: Sextante, 2002. • Reeditado pela Record (Rio de Janeiro), 2010.

75 – *Do iceberg à arca de Noé*: o nascimento de uma ética planetária. Rio de Janeiro: Garamond, 2002. • Reeditado pela Mar de Ideias (Rio de Janeiro), 2010.

76 – *Crise*: oportunidade de crescimento. Campinas: Verus, 2002. • Reeditado pela Vozes (Petrópolis) em 2011.

77 – (com Marco Antônio Miranda) *Terra América*: imagens. Rio de Janeiro: Sextante, 2003 [Esgotado].

78 – *Ética e moral*: a busca dos fundamentos. Petrópolis: Vozes, 2003.

79 – *O Senhor é meu Pastor*: consolo divino para o desamparo humano. Rio de Janeiro: Sextante, 2004. • Reeditado pela Vozes (Petrópolis), 2013.

80 – *Responder florindo.* Rio de Janeiro: Garamond, 2004 [Esgotado].

81 – *Novas formas da Igreja*: o futuro de um povo a caminho. Campinas: Verus, 2004 [Esgotado].

82 – *São José*: a personificação do Pai. Campinas: Verus, 2005. • Reeditado pela Vozes (Petrópolis), 2012.

83 – *Un Papa difficile da amare*: scritti e interviste. Roma: Datanews Ed., 2005.

84 – *Virtudes para um outro mundo possível* – Vol. I: Hospitalidade: direito e dever de todos. Petrópolis: Vozes, 2005.

85 – *Virtudes para um outro mundo possível* – Vol. II: Convivência, respeito e tolerância. Petrópolis: Vozes, 2006.

86 – *Virtudes para um outro mundo possível* – Vol. III: Comer e beber juntos e viver em paz. Petrópolis: Vozes, 2006.

87 – *A força da ternura* – Pensamentos para um mundo igualitário, solidário, pleno e amoroso. Rio de Janeiro: Sextante, 2006. • Reeditado pela Mar de Ideias (Rio de Janeiro) em 2012.

88 – *Ovo da esperança*: o sentido da Festa da Páscoa. Rio de Janeiro: Mar de Ideias, 2007.

89 – (com Lúcia Ribeiro) *Masculino, feminino*: experiências vividas. Rio de Janeiro: Record, 2007.

90 – *Sol da esperança* – Natal: histórias, poesias e símbolos. Rio de Janeiro: Mar de Ideias, 2007.

91 – *Homem*: satã ou anjo bom. Rio de Janeiro: Record, 2008.

92 – (com José Roberto Scolforo) *Mundo eucalipto.* Rio de Janeiro: Mar de Ideias, 2008.

93 – *Opção Terra*. Rio de Janeiro: Record, 2009.

94 – *Meditação da luz*. Petrópolis: Vozes, 2010.

95 – *Cuidar da Terra, proteger a vida*. Rio de Janeiro: Record, 2010.

96 – *Cristianismo*: o mínimo do mínimo. Petrópolis: Vozes, 2011.

97 – *El planeta Tierra*: crisis, falsas soluciones, alternativas. Madri: Nueva Utopia, 2011.

98 – (com Marie Hathaway) *O Tao da Libertação* – Explorando a ecologia da transformação. 2. ed. Petrópolis: Vozes, 2012.

99 – *Sustentabilidade*: O que é – O que não é. Petrópolis: Vozes, 2012.

100 – *Jesus Cristo Libertador*: ensaio de cristologia crítica para o nosso tempo. Petrópolis: Vozes, 2012 [Selo Vozes de Bolso].

101 – *O cuidado necessário*: na vida, na saúde, na educação, na ecologia, na ética e na espiritualidade. Petrópolis: Vozes, 2012.

102 – *As quatro ecologias: ambiental, política e social, mental e integral*. Rio de Janeiro: Mar de Ideias, 2012.

103 – *Francisco de Assis* – Francisco de Roma: a irrupção da primavera? Rio de Janeiro: Mar de Ideias, 2013.

104 – *O Espírito Santo* – Fogo interior, doador de vida e Pai dos pobres. Petrópolis: Vozes, 2013.

105 – (com Jürgen Moltmann) *Há esperança para a criação ameaçada?* Petrópolis: Vozes, 2014.

106 – *A grande transformação*: na economia, na política, na ecologia e na educação. Petrópolis: Vozes, 2014.

107 – *Direitos do coração* – Como reverdecer o deserto. São Paulo: Paulus, 2015.

108 – *Ecologia, ciência, espiritualidade* – A transição do velho para o novo. Rio de Janeiro: Mar de Ideias, 2015.

109 – *A Terra na palma da mão* – Uma nova visão do planeta e da humanidade. Petrópolis: Vozes, 2016.

110 – (com Luigi Zoja) *Memórias inquietas e persistentes de L. Boff.* São Paulo: Ideias & Letras, 2016.

111 – (com Frei Betto e Mario Sergio Cortella) *Felicidade foi-se embora?* Petrópolis: Vozes Nobilis, 2016.

112 – *Ética e espiritualidade* – Como cuidar da Casa Comum. Petrópolis: Vozes, 2017.

113 – *De onde vem?* – Uma nova visão do universo, da Terra, da vida, do ser humano, do espírito e de Deus. Rio de Janeiro: Mar de Ideias, 2017.

114 – *A casa, a espiritualidade, o amor.* São Paulo: Paulinas, 2017.

115 – (com Anselm Grün) *O divino em nós.* Petrópolis: Vozes Nobilis, 2017.

116 – *O livro dos elogios*: o significado do insignificante. São Paulo: Paulus, 2017.

117 – *Brasil* – Concluir a refundação ou prolongar a dependência? Petrópolis: Vozes, 2018.

118 – *Reflexões de um velho teólogo e pensador.* Petrópolis: Vozes, 2018.

119 – *Covid-19* – A Mãe Terra contra-ataca a Humanidade: advertências da pandemia. Petrópolis: Vozes, 2020.

CULTURAL

Administração
Antropologia
Biografias
Comunicação
Dinâmicas e Jogos
Ecologia e Meio Ambiente
Educação e Pedagogia
Filosofia
História
Letras e Literatura
Obras de referência
Política
Psicologia
Saúde e Nutrição
Serviço Social e Trabalho
Sociologia

CATEQUÉTICO PASTORAL

Catequese
 Geral
 Crisma
 Primeira Eucaristia

Pastoral
 Geral
 Sacramental
 Familiar
 Social
 Ensino Religioso Escolar

TEOLÓGICO ESPIRITUAL

Biografias
Devocionários
Espiritualidade e Mística
Espiritualidade Mariana
Franciscanismo
Autoconhecimento
Liturgia
Obras de referência
Sagrada Escritura e Livros Apócrifos

Teologia
 Bíblica
 Histórica
 Prática
 Sistemática

VOZES NOBILIS

Uma linha editorial especial, com importantes autores, alto valor agregado e qualidade superior.

REVISTAS

Concilium
Estudos Bíblicos
Grande Sinal
REB (Revista Eclesiástica Brasileira)

VOZES DE BOLSO

Obras clássicas de Ciências Humanas em formato de bolso.

PRODUTOS SAZONAIS

Folhinha do Sagrado Coração de Jesus
Calendário de mesa do Sagrado Coração de Jesus
Agenda do Sagrado Coração de Jesus
Almanaque Santo Antônio
Agendinha
Diário Vozes
Meditações para o dia a dia
Encontro diário com Deus
Guia Litúrgico

CADASTRE-SE
www.vozes.com.br

EDITORA VOZES LTDA.
Rua Frei Luís, 100 – Centro – Cep 25689-900 – Petrópolis, RJ
Tel.: (24) 2233-9000 – Fax: (24) 2231-4676 – E-mail: vendas@vozes.com.br

UNIDADES NO BRASIL: Belo Horizonte, MG – Brasília, DF – Campinas, SP – Cuiabá, MT
Curitiba, PR – Fortaleza, CE – Goiânia, GO – Juiz de Fora, MG
Manaus, AM – Petrópolis, RJ – Porto Alegre, RS – Recife, PE – Rio de Janeiro, RJ
Salvador, BA – São Paulo, SP